Statistiques avancées: Simplicité d'utilisation IBM SPSS

Jonathan Sarwono

ISBN: 9781731544018
ISBN-13: 9781731544018

Publié par: Amazon.com, Inc. 410 Terry Avenue North Seattle, Washington 98109US

DÉDICACE

Ce livre est dédié à: Regina Tiatira & Chloe Andrea

CONTENU

	Remerciements	i
1	Concepts de base	1
2	Classification des relations entre variables	7
3	Théories de base utilisées dans IBM SPSS	18
4	Régression linéaire multiple avec des variables complexes	28
5	Corrélation canonique avec des variables complexes	47
6	ANOVA Factorielle	54
7	Analyse discriminante multiple	62
8	Régression logistique	77
9	Analyse de variance multivariée	85
10	L'analyse par grappes	95
11	Échelle multidimensionnelle	104
12	Analyse factorielle	112

REMERCIEMENTS

Les statistiques avancées sont très utiles pour comprendre des relations variables plus complexes. Néanmoins, la plupart des procédures nécessitent davantage de connaissances statistiques. C'est pourquoi le présent auteur veut expliquer que plusieurs procédures appartiennent à cette catégorie à l'aide du calcul statistique populaire, à savoir IBM SPSS.

Bien que le calcul devienne plus complexe; nous pouvons le faire plus facilement avec IBM SPSS. En outre, en utilisant cette application, nous pouvons avoir un calcul plus précis

CHAPITRE 1

CONCEPTS DE BASE

Dans ce chapitre, le lecteur découvrira que les statistiques avancées font partie des procédures d'analyse à plusieurs variables. La discussion comprendra:

- Définition
- Concepts de base

1.1 **Définition**

En réalité qu'entend-on par analyse multivariée? Hair (2010) donne la définition suivante: "les techniques d'analyse statistique multivariée font référence à tout ce qui analyse simultanément plusieurs mesures relatives à l'objet dans une recherche individuelle". De plus, selon Johnson (2002), les procédures d'analyse multivariée incluent l'utilisation de plusieurs variables utilisées simultanément pour les mesures. Tandis que Cramer et Howitt (2006: 108) définissent l'analyse multivariée comme «une analyse impliquant trois variables ou plus en même temps.

D'après les définitions ci-dessus, nous pouvons conclure que la technique d'analyse multivariée est utilisée pour analyser un ensemble de données qui utilise plusieurs variables en tant qu'objet à mesurer.

1.2 Quelques concepts de base

Pour pouvoir comprendre l'analyse multivariée, nous devons comprendre certains des termes ci-dessous.

- **Variate:** Combinaison linéaire de plusieurs variables dont les poids sont déterminés de manière empirique. Les variables sélectionnées par les chercheurs sont des poids déterminés par des techniques multivariées afin de répondre à des objectifs spécifiques.

- **Échelle de mesure métrique et non métrique:** L'échelle de mesure est nécessaire en relation avec le processus d'analyse des données, la précision de la détermination de l'échelle des mesures ayant une incidence sur le niveau de précision des résultats de l'analyse. La diversité des données compliquera la tâche des chercheurs pour déterminer la correspondance entre les types de données et leur échelle de mesure. C'est pourquoi, il est nécessaire de savoir quelle est l'échelle de mesure correctement. En général, l'échelle de mesure est divisée en deux, à savoir les échelles de mesure non métrique et métrique. Échelle de mesure non métrique utilisée pour mesurer les données non métriques, c'est-à-dire des données illustrant la différence de type en montrant son existence et le vide d'une caractéristique ou d'une propriété. La caractéristique est un caractère distinctif indépendant et distinct de sorte que d'autres caractéristiques ne l'ont pas; Par exemple, si une personne est une femme, la personne concernée ne peut pas être un homme en même temps. En conclusion, l'attribut féminité se distingue des hommes. Les mesures des non-métriques peuvent être créées via l'échelle nominale ou ordinale. La variable non métrique est appelée variable catégorique, nominale, binaire ou qualitative. Sinon, l'échelle de mesure métrique est utilisée pour mesurer les données métriques, c'est-à-dire des données montrant la différence de montant ou de niveau pour un attribut particulier. Par conséquent, les variables mesurées à l'aide de la mesure métrique sclae reflètent la quantité ou le niveau relatif et conviennent aux attributs qui incluent le nombre ou la taille, par exemple le nombre de ventes ou de bénéfices. La mesure des données métriques est effectuée à l'aide d'un intervalle d'échelle et d'un ratio. En conséquence, la variable métrique est définie comme une variable qui a une unité de mesure constante; Par exemple, si une échelle métrique de 1 à 9 est attribuée à une variable, la différence entre 1 et 2 est égale à la différence entre 8 et 9. Par conséquent, si vous comprenez cette mesure, cela produira un effet sur deux choses: premièrement, le chercheur doit identifier l'échelle de mesure de chaque variable utilisée dans le cadre de sa recherche afin qu'il ne se produise pas d'erreur dans la mesure; deuxièmement, une échelle de mesure est importante pour déterminer les techniques multivariées qui seront utilisées pour l'analyse conformément aux données existantes, telles que les données métriques doivent être analysées avec des techniques qui nécessitent des données métriques.

- **Erreur de mesure:** L'erreur de mesure est définie comme le niveau où des valeurs non observables représentant visuellement les valeurs du fait. La source est l'erreur de mesure lors de la saisie des données. Les données saisies par l'instrument ne sont pas exactes, ce qui empêche les répondants de répondre aux questions posées. Les erreurs de mesure peuvent être supprimées grâce à la fiabilité du test et à la validité des données saisies par l'instrument. La validité est le degré auquel un instrument de mesure représente avec précision ce qui doit être mesuré. La fiabilité est le degré auquel les variables observées mesurent les valeurs correctes et est exempt d'erreurs.

- **Échelle des mesures multivariées (échelle*sommée*):** Les mesures multivariées, connues sous le nom d'échelle sommative, sont des mesures qui combinent certaines variables en une taille composée pour représenter un concept / une mesure composée de certaines des questions posées pour révéler le niveau d'une variable théorique qui pourrait ne pas être mesurée par une seule question. Le but est d'éviter d'utiliser une seule variable pour représenter un concept et, au lieu de cela, certaines variables sont utilisées comme indicateurs. Cette mesure représente différents aspects du concept pour obtenir une perspective plus complète.

- **Bootstrapping:** approche consistant à effectuer la validation du modèle en puisant dans un échantillon volumineux dans un sous-échantillon. Les estimations de sous-échantillons sont ensuite combinées afin de générer des coefficients dans lesquels le meilleur résultat est estimé.

- **Techniques de dépendance: La** classification des techniques statistiques multivariées est basée sur des variables identifiées comme variables indépendantes et variables dépendantes, dans lesquelles la relation entre les variables indépendantes et dépendantes est inhérente, à savoir que le changement de valeur des variables indépendantes génère la valeur des variables dépendantes. Ainsi, la relation entre ces deux variables ne peut être inversée.

- **Données métriques: Les** données métriques sont également appelées données quantitatives. Elles incluent les données avec une échelle d'intervalle ou de ratio. La mesure des données décrit non seulement la propriété des attributs d'un objet examiné, mais également le nombre ou les niveaux. Il est également appelé données d'intervalle et de ratio.

- **Données:** non métriquesLes données non métriques sont également appelées données qualitatives. Ces données contiennent les attributs, les caractéristiques ou les propriétés qualitatives décrivant un objet, mais pas le nombre de niveaux. Ce type de données est appelé données nominales et ordinales.

- **Puissance:** La probabilité de rejeter l'hypothèse nulle correctement lorsque l'hypothèse est fausse.

- **Fiabilité**: Mesure dans laquelle une variable est cohérente avec ce qui sera mesuré. Si plusieurs mesures sont effectuées, la mesure de la fiabilité sera cohérente dans ses valeurs.

- **Validité**: Mesure dans laquelle une mesure représente correctement le concept d'étude, c'est-à-dire un niveau où des mesures sans erreur d'erreur non aléatoire ou systématique sont effectuées. La validité concerne la qualité du concept défini par la mesure; tandis que la fiabilité se rapporte à la cohérence des mesures.

- **Erreur de type I**: probabilité de rejeter de manière incorrecte l'hypothèse nulle. Cette erreur est également appelée alpha (α). Par exemple, les recherches indiquent qu'il existe une différence ou une corrélation mais n'existent pas en réalité.

- **Erreurs de type II**: probabilité d'échec lors du rejet de l'hypothèse nulle. Cette erreur est également appelée alpha (β). Par exemple, la possibilité de ne pas trouver de corrélations ou de différences de moyenne quand elle existe réellement.

1.3 Puissance

statistique La puissance statistique est la probabilité de rejeter correctement l'hypothèse nulle lorsque l'hypothèse doit être rejetée. Le pouvoir statistique produira un effet sur: 1) un effet significatif, c'est-à-dire dans quelle mesure l'effet du pouvoir statistique aide le chercheur à déterminer les relations entre les variables peut avoir un sens. L'effet significatif peut être la différence dans la médiane de deux groupes ou l'ampleur de la corrélation entre deux variables. La puissance statistique peut être améliorée en déterminant des valeurs grandes et petites de alpha (α). En outre, la taille de l'échantillon augmentera également la puissance statistique. Plus la taille de l'échantillon est grande, plus la puissance statistique est grande.

1.4 Interprétation de l'importance (Sig / Valeur de probabilité (valeur P) / α < 0,05)

Dans IBM SPSS, la valeur d'importance / probabilité (valeur p) ou α de 0,05 est utilisée pour tester l'hypothèse, à savoir si l'hypothèse nulle (H0) est accepté ou rejeté. H0 est rejetée si la valeur de sig est <0,05; et H0 est accepté si la valeur de sig est> 0,05. Comment interprétons-nous exactement la valeur de probabilité de 0,05. Cette valeur de probabilité est utilisée pour calculer les données de recherche obtenues à partir du risque théorique représentant l'erreur de type I. La probabilité de rejeter de manière incorrecte l'hypothèse nulle. Cette erreur représente l'erreur commise par le chercheur lors des tests d'hypothèses, à savoir que le chercheur concerné refuse H0 alors que le H0 devrait en fait être accepté. Dans l'exemple des procédures de corrélation, le chercheur indique qu'il existe une corrélation entre la variable X et la variable Y dans laquelle les deux variables n'ont en réalité aucune corrélation. En d'autres termes, le chercheur rejette H0 alors qu'en réalité, le H0 aurait dû être accepté. Dans les tests d'hypothèses dans SPSS, nous utilisons toujours la valeur de signification provenant des données d'observation, qui est ensuite comparée à la valeur du critère, à savoir 0,05 comme valeur par défaut d'IBM SPSS. Toutefois, les lecteurs doivent savoir que la valeur par défaut de 0,05 ne prend pas en compte la taille de l'échantillon. Pour cette raison, en effectuant un test d'hypothèse en utilisant la valeur de probabilité, nous pouvons modifier cette valeur en prenant en compte la taille petite ou grande de l'échantillon. Si la grande taille de l'échantillon que nous utilisons dans notre étude, nous pouvons utiliser les valeurs de faible probabilité, par exemple 0,01; Inversement, si nous utilisons une petite taille d'échantillon dans notre étude, nous pouvons utiliser une valeur de probabilité élevée, par exemple 0,1. Classiquement, le critère de valeur de probabilité va de 0,1; 0,05 et 0,01. Cela ne signifie pas que nous ne devrions pas utiliser une autre plage comprise entre 0,01 et 0,1. A titre d'exemple, nous pouvons utiliser le 0.025 ou une autre valeur.

Quel est l'impact de la conversion de la valeur de signification? L'impact de conversion de la valeur de signification peut changer la décision du test d'hypothèse. Par exemple, nous utilisons la valeur de signification jusqu'à 0,02, puis nous la changeons en 0,01; alors H0 sera accepté car la valeur de signification 0,02 est supérieure à la valeur 0,01. À l'inverse, lorsque nous utilisons la valeur de signification jusqu'à 0,05, l'hypothèse H0 est rejetée car cette valeur est supérieure à 0,01.

1.5 Résumé

Les techniques d'analyse multivariée ne comportent pas qu'une ou deux variables; mais cela implique plus de deux variables. Cette technique peut être la dépendance ou l'indépendance.

1.6 Concepts de base

- Variation de
- données métriques Données
- non métriques
- dépendance
- Interdépendance de

1.7 Questions.

1. Expliquez ce que l'on entend par variable!
2. Expliquez ce que l'on entend par les données métriques!
3. Expliquez ce que signifient les données non métriques!
4. Expliquez ce que l'on entend par dépendance!
5. Expliquez ce que l'on entend par indépendance!

CHAPITRE 2
VUEENSEMBLE DES TYPES D'ANALYSE MULTIVARIÉE

Dans ce chapitrele lecteur apprendra les notionsbase dansprocédures d'analyseplusieurs variables qui comprennent:

- Classification modèle
- classification des techniques d'analysedépendance
- Classification des techniques d'analyse de Independency
- Une compréhensionbase de chaque technique d'analyseseinchaque classification
- Les exigencesbase pour utiliser chaque technique d'analyse dans la classification respective lorsqu'elle est utilisée dans les recherches

2.1 Modèle de classification

Les techniques d'analyse multivariée ne comportent pas seulement une ou deux variables; mais cela implique plus de deux variables. Ces techniques peuvent être la dépendance ou l'indépendance.

2.2 Classification de l'analyse de dépendance Tehniques

Les caractéristiques principales des techniques d'analyse de dépendance sont les relations entre les variables étudiées si plusieurs variables sont identifiées comme les variables dépendantes sur lesquelles les valeurs de ces variables seront prédites ou expliquées par d'autres variables - variables appelées variables indépendantes. .

La caractéristique suivante des techniques d'analyse de dépendance est le nombre de variables dépendantes et le type de mesure imposé dans ces variables. Selon Hair (2010), en fonction du nombre de variables dépendantes, les techniques d'analyse de dépendance sont classées comme:

a) suittechniques d'analyse de dépendance avec une variable dépendante.
b) techniques d'analyse de dépendance avec plus d'une variable dépendante.
c) techniques d'analyse de dépendance avec plusieurs variables dépendantes et les variables indépendantes

Sur la base des types d'échelle de mesure, les techniques d'analyse de dépendance peuvent être classées comme.

a) variables dépendantes métriques (données numériques / quantitatives)
b) a variables dépendantes non métriques (données qualitatives ou catégoriques)

L'utilisation principale des techniques d'analyse de dépendance est d'expliquer ou de prédire les valeurs de la variable dépendante à l'aide de deux valeurs indépendantes ou plus variables. Cette classification comprend la régression linéaire multiple, la régression logistique, l'analyse discriminante, l'analyse de variance multivariée (MANOVA) et la corrélation canonique.

Selon Sigmund (1997), la classification des techniques d'analyse de dépendance est basée sur le nombre de variables dépendantes dans leurs relations avec les variables indépendantes en tant que prédicteurs.

2.2.1 Régression

Définition de la

linéaire multiple Qu'est-ce que l'analyse par régression multiple linéaire? L'analyse de régression linéaire multiple est une analyse de deux variables indépendantes ou plus sur une variable dépendante à l'aide de l'échelle de mesure métrique. Fondamentalement, il s'agit du prolongement de la technique d'analyse par régression linéaire simple. Gujarati (2006) définit l'analyse de régression linéaire multiple comme la relation d'une variable appelée variable dépendante (la variable expliquée) avec deux variables indépendantes ou plus (les variables explicatives).

Objectif de l'utilisation de l'analyse de régression linéaire multiple.

L'utilisation de l'analyse de régression multiple a pour but:

- d'estimer la valeur moyenne de la variable dépendante en fonction des variables indépendantes.
- Testez l'hypothèse des caractéristiques de dépendance.
- Prédire la valeur moyenne de la variable dépendante en fonction des variables indépendantes situées en dehors de la plage d'échantillon (en population).

Conditions requises pour l'utilisation de la régression linéaire multiple Les

conditions requises pour l'utilisation de la régression linéaire multiple sont les suivantes.

- On dit que le modèle de régression est réalisable si la valeur d'importance sur l'ANOVA < 0,05.
- Le prédicteur de la variable indépendante utilisée doit être réalisable. La faisabilité peut être connue à partir de la valeur de l'erreur standard d'estimation. La provision correspond à la valeur de l'erreur type de l'estimation < laécart type
- régression du coefficient d'doit être significative. Pour tester la signification, nous pouvons effectuer des tests d'hypothèses en utilisant le test t. Le coefficient de régression est significatif si t_o ou t compte > $t\alpha$ ou t table
- Il ne doit pas y avoir de multicolinéarité, ce qui signifie qu'il existe une corrélation très élevée ou très faible entre les variables indépendantes. Cette

exigence s'applique uniquement à la régression linéaire multiple avec plusieurs variables indépendantes.

- Il ne doit pas y avoir d'autocorrélation. Pour le vérifier, nous pouvons utiliser les valeurs de Durbin et Watson (DW). L'autocorrélation n'aura pas lieu si: $-2 \leq DW \leq 2$ (Anderson, 2001: 733).
- La qualité de l'ajustement du modèle de régression peut également être décrite à l'aide de lar^2 valeur. Le r^2 est plus grand que le meilleur le modèle. Si une valeur approche 1, le modèle de régression est meilleur. La valeur de r^2 présente les caractéristiques suivantes: 1) toujours positive, 2) maximum de 1. Si la valeur de régale^2 à 1, cela signifie qu'il existe un sens de conformité. Cela signifie que toutes les variations de la variable Y peuvent être expliquées par le modèle de régression. Inversement, si r^2 est identique à 0, il n'y a pas de relation linéaire entre X et Y.
- Il doit exister une relation linéaire entre la variable indépendante X et la variable dépendante Y
- Les données doivent être réparties normalement
- Les données ont au moins un intervalle ou un rapport scale
- La relation des variables est dépendante, ce qui signifie qu'une variable est une variable appelée variable prédictive ou variable indépendante et que l'autre variable est appelée variable dépendante (également appelée variable répondante).

2.2.2 Corrélation canonique

Définition de

Quelle est la corrélation canonique? La corrélation canonique, selon Hair (2010), peut être considérée comme une extension de l'analyse de régression multiple dans le but de corréler plusieurs variables simultanément. Le principe sous-jacent est de développer une combinaison linéaire de chaque ensemble de variables (à la fois les variables indépendantes et la variable dépendante) et de maximiser la corrélation entre ces variables. Par exemple, un chercheur souhaite étudier la corrélation entre un ensemble de variables dépendantes du comportement d'achat et certaines variables indépendantes relatives à la personnalité. Le but de cette étude est que le chercheur cherche à savoir comment certaines caractéristiques de la personnalité affectent le comportement des achats, par exemple l'établissement d'une liste de courses, le nombre de magasins visités et la fréquence des achats en une semaine.

Conditions requises pour utiliser la corrélation canonique

Les conditions requises pour utiliser la corrélation canonique sont les suivantes.

- Il y aura plus de deux variables indépendantes et dépendantes de métrique
- La relation entre un ensemble de variables indépendantes et dépendantes est linéaire.

- Il ne doit pas y avoir de multicolinéarité dans chaque groupe de variables indépendantes et de variables dépendantes qui seront corrélées.
- La taille de l'échantillon peut être petite ou grande, de 100 à 400 cas.
- Les données utilisées doivent être distribuées normalement.

2.2.3 ANOVA factorielleANOVA

Définition

factorielle est une extension de One Way ANOVA. Cette procédure ajoute plusieurs variables indépendantes dans lesquelles la ou les variables ajoutées deviennent la partie de l'expérience. Le but de cette procédure est de faire une expérience en traitant les variables. L'effet de ceci sera mesuré en utilisant les différences moyennes.

2.2.4 Analyse discriminante multiple

Définition

Qu'est-ce que l'analyse discriminante? L'analyse discriminante est une technique statistique utilisée pour prédire la probabilité que les objets appartenant à deux catégories ou plus soient complètement différents et contiennent une variable dépendante basée sur des variables indépendantes.

Utilisation de l'analyse discriminante multiple

L'utilisation de l'analyse discriminante consiste à établir une prédiction de modèle basée sur les caractéristiques d'appartenance à un groupe. Cette procédure générera une fonction discriminante basée sur une combinaison linéaire dérivée des prédicteurs (variables indépendantes) pouvant produire les différences frappantes entre les groupes analysés. Toutes les fonctions sont créées à partir d'échantillons de tous les arguments en faveur de l'appartenance aux groupes connus. Ces fonctions peuvent être appliquées aux nouveaux cas comportant une mesure pour toutes les variables indépendantes ayant des groupes d'appartenance inconnus.

Le but de l'analyse discriminante multiple

L'utilisation de l'analyse discriminante a pour principal objectif de rechercher des combinaisons linéaires. Cela signifie connaître les différences au sein d'un groupe afin de trouver l'existence de combinaisons linéaires dans toutes les variables indépendantes. La combinaison linéaire de la fonction discriminante se voit dans les différences de la moyenne des groupes.

Conditions requises

Pour utiliser la technique d'analyse discriminante multiple, les éléments suivants doivent être remplis:

- La variable dépendante est une variable unique et non métrique, ce qui signifie que les données doivent être catégoriques et à échelle nominale.
- Il y a plus de deux variables indépendantes avec une échelle d'intervalle.
- Tous les cas doivent être indépendants.
- Toutes les variables indépendantes (prédicteurs) doivent avoir des données normalement distribuées et la matrice de covariance doit être la même pour tous les groupes.
- Il est nécessaire d'utiliser une grande taille d'échantillon. Plus l'échantillon est grand, meilleur est le résultat. Cela signifie que les différences entre les groupes seront statistiquement significatives. Idéalement, l'échantillon minimal est de 100.

2.2.5 Régression logistique

Définition
Qu'est-ce que la régression logistique? La régression logistique est une technique utilisée pour prédire des variables dépendantes à échelle nominale en utilisant les variables indépendantes à échelle d'intervalle. La modélisation avec cette technique nous permet de comparer l'ensemble des variables indépendantes (prédicteurs) basées sur la théorie. Selon Hair (2010), la régression logistique est une forme spéciale de régression qui est formulée pour prédire et expliquer une variable binaire catégorique. La régression logistique est également appelée régression binaire car la variable dépendante prédite est une variable binaire ou catégorique.

Conditions requises
pour l'utilisation de la régression logistique Pour utiliser la régression logistique, les éléments suivants doivent être remplis:

- Il doit exister des variables à échelle d'intervalle.
- La variable dépendante doit avoir une échelle nominale.
- L'utilisation de cette technique nécessite un échantillon de grande taille car, en utilisant un échantillon de grande taille, la puissance statistique augmente afin de générer des différences significatives. La régression logistique nécessite un échantillon de grande taille car cette procédure utilise l'estimation du maximum de vraisemblance (MLE). Hosmer et Lemeshow, cité par Hair (2010), suggèrent que le nombre d'échantillons est supérieur à 400.

2.2.6 Analyse multivariée de la variance (MANOVA)

Définition
Manova est une technique de test de signification statistique utilisée pour calculer les différences moyennes simultanément entre deux variables dépendantes ou plus. Cette

technique est utile pour analyser plus de deux variables dépendantes ayant des échelles d'intervalle ou de rapport.

Utilisation de MANOVA
L'utilisation de MANOVA permet de rechercher des groupes de répondants indiquant des différences dans l'ensemble des variables dépendantes.

Conditions requises pour utiliser MANOVA
Pour utiliser MANOVA, plusieurs conditions à remplir sont les suivantes:

- Il existe plus de deux variables dépendantes d'une métrique avec des échelles d'intervalle.
- Il existe une variable indépendante métrique avec échelle nominale.
- Toutes les données des variables dépendantes doivent être extraites de la population ayant une distribution normale et la matrice de covariance de toutes les cellules doit être identique.
- Un échantillon de grande taille est nécessaire pour générer des différences de moyenne statistiquement significatives. Idéalement, l'échantillon minimal est de 100.

La différence entre l'analyse en MANOVA et l'analyse discriminante.
La différence entre MANOVA et analyse discriminante est la suivante:

- MANOVA utilise un ensemble de variables dépendantes de la métrique dont l'objectif est de trouver un groupe de répondants qui indiquent des différences.
- L'analyse discriminante utilise une variable dépendante non métrique avec plusieurs variables indépendantes et est utilisée pour former le variat afin de différencier au maximum les groupes formés par la catégorie de la variable dépendante.

2.3 Classification de l'analyse de l'indépendance Tehniques

Classification de la technique d'analyse d'indépendance. Dans ce type d'analyse, aucune variable n'est définie comme une variable indépendante ou dépendante. En effet, toutes les variables étudiées seront analysées simultanément et traitées de la même manière. L'objectif principal est de trouver la structure sous-jacente de tout le groupe de ces variables.

L'analyse d'indépendance a pour fonction de donner un sens à l'ensemble des variables. Certaines techniques incluses dans cette classification sont l'analyse par grappes, l'analyse factorielle, la mise à l'échelle multidimensionnelle, l'analyse en composantes principales et la modélisation linéaire automatique.

2.3.1 Définition de l'analyse en grappes

Définition
Qu'entend-on par analyse en grappes? L'analyse de cluster telle que définie par Hair (2010) est l'un des groupes d'une technique multivariée ayant pour objectif principal de classer les objets en fonction de caractéristiques. Une autre définition indique que l'analyse par grappes est une technique d'analyse statistique destinée à classer des individus ou des objets en groupes plus petits qui diffèrent les uns des autres.

Objectifs de l'analyse par
cluster La procédure d'analyse par cluster permet d'identifier un groupe d'observations relativement identique, en fonction des caractéristiques sélectionnées, à l'aide d'algorithmes permettant de gérer un grand nombre d'observations. L'algorithme utilisé nécessite la spécification du numéro de cluster à créer. La méthode utilisée pour créer des classifications consiste à choisir l'une des deux méthodes, à savoir renouveler les groupes de clusters itératifs ou simplement effectuer la classification.

Utilisation de l'analyse de cluster
L'utilisation principale de l'analyse de cluster consiste à classer les objets en fonction de certaines mêmes caractéristiques. L'objet peut être un produit ou une personne. La grappe doit présenter de grandes similitudes dans le groupe de grappes, mais présente de grandes différences entre les groupes de grappes.

Conditions requises pour l'utilisation de l'analyse en grappes
Pour utiliser la technique d'analyse en grappes, les conditions requises sont les suivantes:

- Les données doivent être quantitatives avec une échelle d'intervalle ou de rapport.
- Il doit y avoir des variables métriques.
- Il n'y a pas de variable indépendante ou dépendante.
- La taille de l'échantillon doit être grande (>100) afin de représenter le groupe - les petits groupes de la population et la structure sous-jacente. Idéalement, le nombre de répondants doit atteindre 1

Méthode
Les méthodes existantes en analyse de groupe sont le couplage entre groupes, le couplage au sein d'un groupe, le voisin le plus éloigné, le voisin le plus éloigné, le regroupement centroïde, le regroupement médian et la méthode de Ward.

2.3.2 Définition de la mise à l'échelle multidimensionnelle

Définition

Qu'est-ce qu'une mise à l'échelle multidimensionnelle? La mise à l'échelle multidimensionnelle ou aussi appelée mappage perceptuel est une procédure qui permet au chercheur de déterminer si l'image relative est vue sur l'ensemble d'objets, par exemple un produit, une entreprise ou tout autre élément lié à la perception.

Une autre définition indique que la mise à l'échelle multidimensionnelle est une technique statistique permettant de mesurer les objets dans des espaces multidimensionnels basés sur l'évaluation des répondants concernant la similarité (similarité) de ces objets. La différence de perception entre tous les objets se reflète dans la distance relative entre les objets dans des espaces multidimensionnels. On a par exemple demandé aux répondants de juger de la similitude entre les caractéristiques des voitures Honda et celles de Suzuki. Cette similitude de points de vue basée sur les composants de l'attitude. Le chargement des composants de cette attitude aidera à expliquer pourquoi de tels objets, dans ce cas, la voiture Honda et Suzuki ont évalué les similitudes ou les différences entre les deux.

Utilisation de la mise à l'échelleéchelle

multidimensionnelle La mise à l'multidimensionnelle peut également être appliquée à l'évaluation subjective de la dissimilarité entre des objets ou des concepts. Cette technique peut manipuler les différentes données provenant de différentes sources provenant des répondants. Comme exemple de la façon dont les gens sont invités à regarder la relation entre les différentes voitures. Si un chercheur dispose de données provenant de répondants indiquant une évaluation de la similarité entre différents modèles et modèles de voiture, les techniques de redimensionnement multidimensionnel peuvent être utilisées pour identifier les dimensions décrivant la perception des consommateurs. À partir de ce moment, le chercheur peut constater, par exemple, que le prix et la taille du véhicule peuvent être définis comme des espaces à deux dimensions tenant compte des points communs rapportés par les répondants.

L'objectif de la mise à l'échelle multidimensionnelle

Cette technique d'analyse a pour objectif de détecter la dimension de la signification sous-jacente qui permet au chercheur d'expliquer les similitudes et les dissemblances dans la distance observée entre les objets examinés.

Conditions requises pour l'utilisation de la miseéchelle multidimensionnelle

à l'Pour utiliser l'analyse de la mise à l'échelle multidimensionnelle, vous devez répondre aux exigences suivantes:

- Les données peuvent utiliser différentes échelles de mesure, par exemple les échelles d'intervalle, de rapport, ordinales et nominales.
- Les origines de cette technique utilisent des données non métriques, qu'il s'agisse de données nominales ou à l'échelle ordinale.
- La taille de l'échantillon doit de préférence être supérieure à 100

2.3.3 Définition de l'analyse factorielle

Définition
Qu'est-ce que l'analyse factorielle? C'est une technique d'analyse utilisée pour comprendre les dimensions sous-jacentes ou un symptôme évident.

Objectif de l'utilisation de l'analyse factorielle
Cette technique a pour objectif principal de résumer les informations contenues dans un grand nombre de variables en un groupe de facteurs plus petits. Le principal objectif de cette technique est de spécifier une combinaison linéaire des variables qui facilitera l'examen des relations entre ces variables. En d'autres termes, il est utilisé pour identifier des variables ou des facteurs qui expliquent les modèles de relations au sein d'un ensemble de variables.

Utilisation de l'analyse factorielle
L'utilisation principale de cette technique consiste à réduire la quantité de données afin d'identifier un petit pourcentage de facteurs pouvant expliquer plus clairement la variance recherchée dans un plus grand nombre de variables. L'analyse factorielle a pour principal objectif de réduire les données ou, en d'autres termes, de compacter un nombre de variables plus petit. La réduction est effectuée en examinant plusieurs variables qui peuvent être l'interdépendance transformées en une seule appelée facteur, afin que ces facteurs dominants puissent être analysés plus avant.

Une autre utilisation de l'analyse factorielle est de faire l'hypothèse qui considère le mécanisme de causalité ou de filtrer un nombre quelconque de variables en vue d'une analyse ultérieure, par exemple, l'identification de la colinéarité avant de procéder à une analyse de régression linéaire.
Dans la procédure d'analyse des facteurs, il existe un degré élevé de flexibilité, notamment:

- Sept méthodes pour extraire des facteurs.
- Cinq méthodes de rotation, parmi lesquelles l'oblimin direct et le promax pour la rotation non orthogonale.
- Trois méthodes de calcul des valeurs de facteurs, puis de ces facteurs, peuvent être sauvegardées dans des fichiers à analyser.

Conditions requises pour l'utilisation de l'analyse factorielle
Pour utiliser cette technique, certaines conditions doivent être remplies:

- Il doit exister des variables métriques.
- Les données utilisées sont des données quantitatives avec une échelle d'intervalle ou de ratio.

- The data should be normally distributed
- This model concentrates that all variables are determined by the usual factors (factors estimated by the model) and the unique factors that do not overlap between variables that is being observed.
- The estimate is calculated based on the assumption that all of the unique factors are not mutually correlated with each other and with the usual factors.
- The basic requirements for the merger is the magnitude of the correlation between independent variables at least 0.5 because the principle analysis of the factor is the existence of a correlation between variables.
- The size of the sample should preferably be above 100

2.4 Résumé

Il existe deux classifications dans l'analyse multivariée, à savoir les méthodes de dépendance et d'interdépendance.

2,5 Concepts de

base Quelques concepts de base à comprendre:

- Méthode de dépendance
- Méthode d'indépendance

2.6 Questions

1. Combien de modèles de classification dans l'analyse multivariée?
2. Expliquez ce que l'on entend par dépendance à la méthode?
3. Expliquez ce que l'on entend par méthode d'interdépendance.
4. Expliquez ce que l'on entend par régression linéaire multiple. Quelles sont les exigences de base pour utiliser cette procédure?
5. Expliquez ce que l'on entend par régression logistique. Quelles sont les exigences de base pour utiliser cette procédure?
6. Expliquez ce que l'on entend par analyse discriminante. Quelles sont les exigences de base pour utiliser cette procédure?
7. Expliquez ce que l'on entend par MANOVA? Quelles sont les exigences de base pour utiliser cette procédure?
8. Expliquez ce que l'on entend par analyse conjointe? Quelles sont les exigences de base pour utiliser cette procédure?
9. Expliquez ce que l'on entend par corrélation canonique. Quelles sont les exigences de base pour utiliser cette procédure?
10. Expliquez ce que l'on entend par facteur d'analyse? Quelles sont les exigences de base pour utiliser cette procédure?
11. Expliquez ce que l'on entend par analyse en grappes. Quelles sont les exigences de base pour utiliser cette procédure?

12. Expliquez ce que l’on entend par mise à l’échelle multidimensionnelle. Quelles sont les exigences de base pour utiliser cette procédure?
13. Expliquez ce que l'on entend par analyse en grappes. Quelles sont les exigences de base pour utiliser cette procédure?

CHAPITRE III
NOTIONSBASE FONDAMENTAUX IBM SPSS

Dans ce chapitrele lecteur apprendra concepts basesous tendent concepts IBM SPSSbase, certains d'entre eux sont:

- Variables
- Un modèle de la relation entrevariables
- Confindence Intervalle
- NiveauProbabilité / signification
- Données / cas
- Comprendre une queue et deux queues test d'hypothèses
- Échelle de mesure
- Degrés de liberté (DF)
- La valeur critique

3.1 Introduction

Pour faciliter la compréhension du lecteur à l'utilisation de IBM SPSS, voici quelques concepts importants à connaître.

3.2 Définition de Variables Les

variables sont définies comme "quelque chose qui peut varier ou différer" (Brown, 1998:7). Une définition plus détaillée dit que la variable "est simplement un symbole ou un concept pouvant assumer n'importe laquelle des valeurs" (Davis, 1998: 23). La première définition indique qu'une variable est quelque chose de différent ou de varié. L'accent mis sur le mot "quelque chose" apparaît clairement dans la définition du symbole ou du concept en tant qu'ensemble de valeurs. La définition abstraite sera plus claire si l'exemple est donné comme suit:

1. Corrélation entre la motivation et la performance des employés.
2. L'effet des promotions sur l'intérêt d'achat.
3. Corrélation entre la qualité du produit et les ventes.

Exemples de variables: motivation, performance, promotion, intérêt des achats pour les achats, qualité des produits et ventes.

3.3 Types de variables

Il existe 5 types de variables, à savoir les variables indépendantes, les variables dépendantes, les variables modérées, les variables de contrôle et les variables intermédiaires.

3.3.1 Variables indépendantes

Les variables indépendantes sont des variables de stimulus ou des variables qui affectent d'autres variables. De plus, les variables indépendantes sont la variable dont la variabilité a été mesurée, manipulée ou choisie par le chercheur pour déterminer sa relation avec l'un des symptômes observés.

Dans l'exemple ci-dessus, la "promotion" est la variable qui peut être manipulée et considérée comme influençant le "rachat d'intérêt", par exemple si la promotion effectuée à la télévision aura une influence plus forte que la promotion réalisée par le journal par rapport aux consommateurs. intérêt pour l'achat de motos.

3.3.2 Variables dépendantes

Les variables dépendantes sont des variables qui donnent la réaction / réponse si elle est liée aux variables indépendantes. Ainsi, les variables dépendantes sont les variables dont la variabilité est observée et mesurée pour déterminer l'influence causée par les variables indépendantes. Dans l'exemple ci-dessus, l'influence de la promotion sur l'intérêt d'achat d'achat d'une motocyclette, la variable dépendante étant l'intérêt d'achat.

3.3.3 Relation entre les variables indépendantes et les variables dépendantes

Dans une recherche quantitative, un chercheur effectue généralement une recherche en utilisant plus d'une variable ou au moins deux variables, qui incluent une variable indépendante et une variable dépendante.

Exemple

- Hypothèse de recherche: il existe une corrélation entre «style de leadership» et «performance des employés».
- La variable indépendante est le style de leadership.
- La variable dépendante est le rendement des employés.

Le style de leadership se rapporte à la performance des employés, tel qu'un style de leadership centralisé aura un impact sur la performance des employés.

3.3.4 VariablesLes variables

Modéréesmodérées sont les deuxièmes variables indépendantes délibérément choisies par le chercheur pour déterminer si sa présence affecte la relation entre les variables indépendantes et les variables dépendantes. La variable modérée est la variable que sa variabilité a mesurée, manipulée ou choisie par le chercheur afin de savoir si la relation entre les variables indépendantes et les variables dépendantes examinées change ou non.

Dans le cas d'une corrélation entre la promotion et l'intérêt d'achat, le chercheur choisit la variable modérée de «prix». Avec une variable de prix modérée qu'il sélectionne, le chercheur souhaite savoir si l'ampleur de la corrélation des deux variables change. Si cela change, alors l'existence de la variable modérée est importante. S'il ne change pas, la variable modérée n'affecte pas la corrélation des deux variables examinées.

3.3.5 Variables de contrôle

En effectuant une recherche, un chercheur tente toujours d'éliminer ou de neutraliser l'influence susceptible d'interférer dans la relation entre la variable indépendante et la variable dépendante. Une variable dans laquelle son influence sera éliminée s'appelle une variable de contrôle. La variable de contrôle est définie comme une variable contrôlée par le chercheur pour en neutraliser les effets. Si cette variable n'est pas contrôlée, cela affectera le symptôme examiné.

Exemple:

- Hypothèse: la couleur du téléphone cellulaire a une influence sur les décisions d'achat des femmes
- La variable indépendante est la couleur
- La variable dépendante est la décision de l'achat
- La variable de contrôle est la femme (sexe)

3.3.6 Variables

Intermédiaires Une variable intermédiaire est la variable qui a une signification hypothétique. Concrètement, l'influence est invisible, mais théoriquement, elle peut affecter la relation entre les variables indépendantes et dépendantes examinées. Par conséquent, une variable intervenante est définie comme une variable qui affecte théoriquement la relation entre les variables étudiées, mais ne peut être vue, mesurée et manipulée. son influence doit être déduite des influences de la variable indépendante et de la variable modérée sur le symptôme recherché.

Exemple:

Qualité du service affectera la satisfaction du client; la satisfaction du client affectera la fidélité du client. Dans ce cas, la satisfaction du client peut être une variable intermédiaire, la variable indépendante de la qualité de service affectant également la variable dépendante de la fidélisation de la clientèle par le biais de la satisfaction du client.

3.4 Schéma de relation variable

Schéma de relation variable entre variables indique l'existence d'une relation entre variable. Le schéma ci-dessous représente le premier modèle élaboré par Tuckman (1978: 70) cité par Sarwono dans larecherche quantitative méthodologie de (Sarwono: 2006).

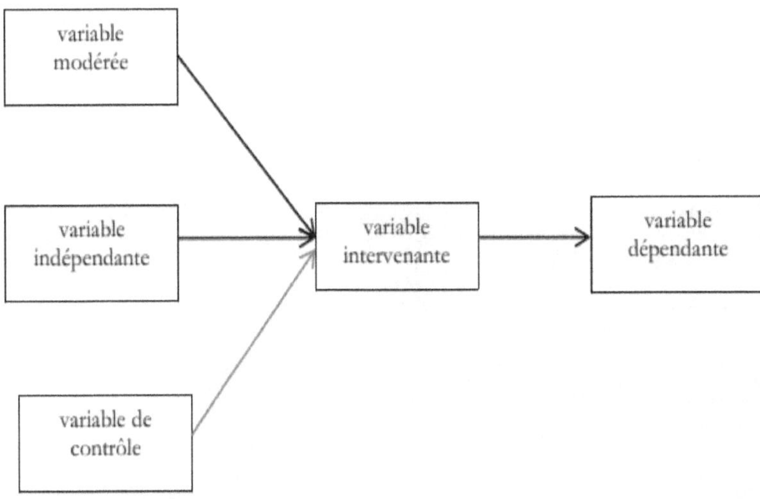

Figure 3.1 Schéma de relation variable selon Tuckman

Le second schéma tiré de Brown (1998: 13) montre la relation entre les variables comme suit.

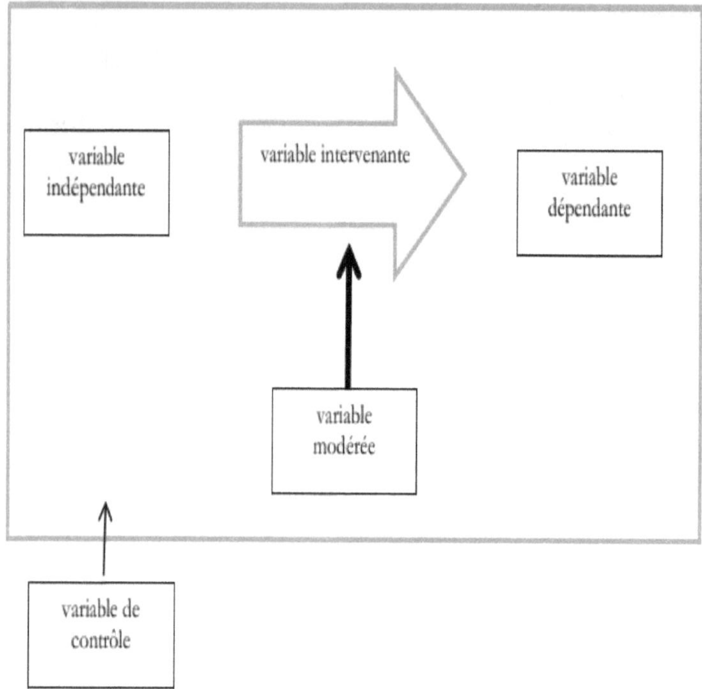

Figure 3.2 Schéma de relation variable selon Brown

3.5 L'échelle de mesure

Il existe quatre échelles de mesure en recherche: les échelles nominales, ordinales, à intervalles et à rapports.

Nominal

Une échelle de mesure nominale est utilisée pour classifier un objet, une personne ou un groupe. par exemple en classant le sexe, la religion, la profession et les zones géographiques. Lors de l'identification des objets, les nombres sont utilisés comme symbole. Les résultats de l'analyse présentés sous forme de pourcentage. Par exemple, nous classifions la variable de genre comme suit: masculin nous donnons le symbole numéro 1 et numéro 2 femmes. Nous ne pouvons pas exécuter arimatika avec ces chiffres, car ceux-ci ne font que montrer l'existence d'un ketidakadanya ou les caractéristiques spécifique.

Exemple: le genre peut être considéré comme une variable ayant une échelle nominale. Nous pouvons donner un symbole de 1 à un homme et 2 à une femme.

Ordinal

Une échelle de mesure ordinale fournit des informations sur le nombre de caractéristiques relativement différentes d'un objet ou d'un individu. Le niveau de mesure a une information d'échelle nominale ajoutée au classement relatif d'un moyen particulier de fournir des informations indiquant si un objet a des caractéristiques plus ou moins grandes. Avec l'échelle ordinale, nous ne pouvons pas effectuer de calcul mathématique, comme additionner, réduire, multiplier, faire la moyenne et diviser. Les nombres utilisés ne sont que des symboles indiquant l'existence ou l'absence de certaines caractéristiques.

Exemple:

les options de réponse suivantes peuvent être codées: a. 1 pour fortement en désaccord, 2 pour en désaccord, 3 pour neutre, 4 pour d'accord et 5 pour totalement d'accord.

Intervalle

Une échelle d'intervalle a des caractéristiques, telles que celles appartenant à l'échelle nominale et l'échelle ordinale, ajoutées à d'autres caractéristiques, notamment sous la forme de l'existence d'un intervalle fixe. Ainsi, nous pouvons voir l'ampleur de la différence de caractéristiques entre un individu ou un objet et un autre. La mesure de l'échelle d'intervalle utilise un nombre réel. En conséquence, le nombre à coder peut être utilisé pour des opérations mathématiques, telles que la multiplication et la soustraction.

Exemple:

Les options de réponse suivantes: 1, 3 et 5 sont des nombres réels utilisant l'intervalle de 2.

Ratio

Une échelle de rapport a toutes les caractéristiques de l'échelle nominale, ordinale et intervalle avec une propriété supplémentaire, à savoir l'existence de la valeur 0 (zéro). La valeur zéro est indiquée pendant l'absence des caractéristiques mesurées. La mesure du ratio prend généralement la forme d'une comparaison entre un individu ou un objet particulier et un autre.

Exemple

Le poids de A et B est égal à 1 par rapport à 2.

Dans IBM, les balances de mesure SPSS sont appelées "Mesure". Elles se composent d'un nominal, d'un ordinal et d'une balance. L'échelle est une mesure représentant les échelles d'intervalle et de rapport.

3.6 Intervalle de

confiance Le niveau de confiance, également appelé intervalle de confiance ou niveau de risque, est basé sur l'idée issue du théorème de la limite centrale. L'idée de base du théorème est que si la population est répétée dans des échantillons, la valeur moyenne de l'attribut est obtenue à partir des échantillons qui sont parallèles à la valeur de la population réelle. De plus, les valeurs obtenues à partir des échantillons déjà tirés distribuées normalement sous forme de valeur sont vraies / réelles. La forme de ces valeurs correspondra aux valeurs d'échantillon les plus élevées ou les plus basses par rapport à la valeur de la population. Dans une distribution normale, environ 95% des valeurs d'échantillon correspondent à l'écart type de la valeur de population réelle. En d'autres termes, si le niveau de confiance de 95% est sélectionné, la valeur de la population réelle sera dans les limites de la précision spécifiée précédemment dans 95 échantillons sur 100. Parfois, nous obtenons des échantillons qui ne représentent pas la valeur réelle de la population. Le niveau de confiance de 99% se situe entre les 90% les plus élevés et les plus bas. Dans IBM SPSS, l'intervalle de confiance est de 95% (valeur par défaut).

3.7 Niveau de signification / probabilité

Niveau de signification, également appelé probabilité d'exactitude en relation avec l'erreur d'échantillonnage, est l'intervalle dans lequel la valeur de la population exacte est estimée. Cette plage est souvent exprimée en utilisant des points de pourcentage, par exemple 1% ou 5%. Par conséquent, si un chercheur constate que 60% des employés d'une entreprise donnée sont utilisés comme échantillons, il a déjà adopté une méthode de travail recommandée avec une précision de ± 1%. Le chercheur peut donc en déduire qu'entre 59% et 61% des les employés de la société qui deviennent population adoptent déjà de telles méthodes. Dans IBM SPSS, le niveau de signification est 0.05 (par défaut).

3.8 Nombre total de données / observations

Dans IBM SPSS, les données sont désignées par le nombre d'observations représentées dans un nombre de lignes. Le nombre de lignes est donc égal au nombre d'observations / de données. Dans IBM SPSS, les données se voient attribuer le symbole N et ne font pas la différence entre N (population) et n (échantillon).

3.9 Hypothèses à une queue et à deux queues

Hypothèses à unehypothèse est une réponse temporaire au problème d'une recherche. Zigmund (1997: 112) définit l'hypothèse comme suit: "Proposition ou supposition non prouvée qui explique provisoirement certains faits ou phénomènes; réponse probable à une question de recherche". Selon lui, l'hypothèse est une proposition ou des allégations non prouvées qui sont provisoires. Il explique les faits ou les phénomènes et fournit également une réponse à une question proposée dans l'étude.

L'hypothèse du chercheur doit être prise en compte lors de la formulation:

- Elle doit représenter la relation entre deux variables ou plus.
- Elle doit être énoncée clairement et ne doit pas être ambiguë, c'est-à-dire que la formulation de l'hypothèse doit être spécifique et renvoie à un sens qui ne doit pas donner plus d'une interprétation du sens. Si les hypothèses sont formulées en termes généraux, elles ne peuvent pas être testées empiriquement.
- Elles doivent pouvoir être testées empiriquement. Cela signifie que cela s'exprime sous la forme de permettre des opérations pouvant être évaluées sur la base de données obtenues empiriquement.

Selon sa forme, l'hypothèse est divisée en trois:

a. Une hypothèse de recherche / travail est une hypothèse fondamentale du chercheur face à un problème en cours d'examen. Dans cette hypothèse, le chercheur formule cette hypothèse qui sera ensuite démontrée de manière empirique par le biais de tests d'hypothèses utilisant des données acquises au cours de la recherche.
b. Une hypothèse opérationnelle est une hypothèse sous la forme de deux énoncés objectifs qui ne sont pas uniquement basés sur un effet de présomption, mais également sur son objectivité. L'hypothèse opérationnelle nécessite une comparaison entre l'hypothèse objective et neutre, appelée techniquement hypothèse nulle (H0). H0 est utilisé pour fournir un équilibre dans l'hypothèse

de recherche, car pour tester une hypothèse ultérieure, qu'elle soit juste ou fausse, l'hypothèse de recherche dépend des preuves acquises au cours de la recherche. L'hypothèse alternative doit être neutre. Il repose sur l'hypothèse préliminaire du chercheur. Cette hypothèse alternative s'appelle l'hypothèse H1. En conséquence, dans les hypothèses opérationnelles, les formulations sont les suivantes:

H0: il n'existe aucune corrélation entre X et Y
H1: il existe une corrélation entre X et Y

c. Une hypothèse statistique est une hypothèse formulée sous la forme d'une notation statistique. Cette hypothèse est formulée à partir d'observations du chercheur sur la population sous forme de nombres (quantitatifs), par exemple: H0: $\rho = 0$ et H1 $\rho \neq 0$.

3.10 Degré de liberté

degré de liberté a deux significations différentes. En relation avec la distribution de la statistique, il identifie un de ses paramètres. En ce qui concerne l'aptitude du modèle, le degré de liberté fait référence à la quantité d'informations existantes, indépendante, utilisée pour estimer les autres informations. Généralement, nous commençons le nombre de degrés de liberté avec les données. Lorsque l'ajustement du modèle est bon, le nombre de degrés de liberté diminue. Le calcul du degré de liberté est effectué en tenant compte de la taille de l'échantillon. Un autre degré de liberté est une mesure de la quantité d'informations provenant de l'échantillon de données utilisé. Chaque calcul statistique est effectué à partir d'un échantillon particulier, un degré de liberté est utilisé. Dans IBM SPSS, les méthodes de calcul du degré de liberté sont différentes. Par exemple, dans la procédure du chi carré, pour calculer le degré de liberté , nous utilisons la formule suivante: (C-1) x (R-1); dans une procédure de test t indépendante, pour calculer le degré de liberté, on utilise la formule suivante: n-2; dans la procédure de test t dépendante pour calculer degré de liberté, nous utilisons la formule suivante: n-1.

3.11 Valeur critique

La valeur critique est utilisée pour tester la signification. La valeur du test statistique qui doit dépasser certaines valeurs pour que l'hypothèse de 0 soit rejetée. Par exemple, une valeur critique t avec des degrés de liberté allant jusqu'à 12 et un niveau de signification de 0,05 est 1,98 ($t\alpha$). La valeur t absolue (t_o) doit être supérieure à 1,98 pour que H0 soit rejetée. La valeur critique est extraite de la table des valeurs critiques de t tandis que la valeur absolue est déduite des données.

3.12 Résumé

Pour pouvoir comprendre la signification et l'interprétation des résultats de calcul avec IBM SPSS, nous devons connaître quelques concepts de base relatifs aux procédures d'analyse que nous allons utiliser.

3.13 Concepts de base

- Variables.
- Un modèle des relations entre les variables.
- Niveau de confiance (intervalle de confiance).
- Le niveau de signification / probabilité
- Données / cas.
- Hypothèse à une queue et à deux queues.
- Échelle de mesure
- Degré de liberté
- Valeur critique.

3.14 Questions

1. Expliquez ce que l'on entend par variable! S'il vous plaît spécifier le type et donner un exemple!
2. Expliquez ce que l'on entend par modèle des relations entre les variables! Donne un exemple!
3. Expliquez ce que l'on entend par niveau de confiance (intervalle de confiance)!
4. Expliquez ce que l'on entend par niveau de signification / probabilité
5. Expliquez ce que l'on entend par donnée / cas!
6. Expliquez ce que l'on entend par hypothèse à une queue à deux queue!
7. Expliquez ce que l'on entend par une échelle de mesure! Donne un exemple!
8. Expliquez ce que l'on entend par degré de liberté !
9. Expliquez ce que l'on entend par valeur critique et ses utilisations!

CHAPITRE IV

PROCÉDURES DE RÉGRESSION LINÉAIRE MULTIPLES

Dans cette section, le lecteur apprendra à utiliser plusieurs procédures d'analyse de régression linéaire avec plus de deux variables indépendantes. Ces procédures comprendront:

- Comprendre la terminologie et les termes de base utilisés dans la régression linéaire multiple.
- Application de l'analyse de régression linéaire multiple dans la recherche
- Interprétation des résultats de l'analyse.

4.1 Définitions et objectifs

Avant de savoir ce qu'est la régression linéaire multiple, nous devons d'abord savoir ce que l'on entend par régression linéaire. Comme nous le savons, la régression linéaire multiple est une extension de la régression linéaire simple. La régression linéaire simple est utilisée pour mesurer l'association linéaire entre une variable indépendante et une variable dépendante. Gujarati (2006) a défini l'analyse de régression comme l'étude de la relation entre une variable appelée une variable décrite (*la variable expliquée*) et une ou deux variables décrivant (*l'explicative*). La première variable est également appelée variable dépendante et la seconde variable est appelée variable indépendante. S'il y a plus d'une variable indépendante, on l'appelle une régression linéaire multiple.

Un autre expert, Warner (2008: 338), définit la régression linéaire simple comme: «une équation qui prédit les scores bruts sur une variable quantitative Y à partir de scores bruts sur une variable X». Cette définition se concentre sur la fonction de la régression linéaire, à savoir de faire une prédiction de la valeur de la variable dépendante en fonction de la valeur de la variable indépendante. Alors que Anderson (2011) définit la régression linéaire simple comme deux variables dans lesquelles une variable est appelée variable indépendante et dont la fonction est de prédire la valeur, l'autre variable étant appelée variable dépendante. En outre, il a déclaré que la ou les variables connues étaient appelées variables indépendantes et que la variable à prédire était appelée variable dépendante.

Outre les opinions ci-dessus, Levin, RI et Rubin, DS (1988: 648) affirment qu'en analyse de régression, on élaborera une équation d'estimation, à savoir une formule mathématique qui relie les variables connues à la variable inconnue. La ou les variables connues sont appelées variable (s) indépendante (s) et la variable inconnue dont la valeur sera prédite est appelée la variable dépendante.

Quels sont les objectifs de la régression linéaire? Les objectifs de l'analyse de régression sont les suivants:

- Faites une estimation de la moyenne de la valeur de la variable dépendante en fonction de la valeur de la variable indépendante.
- Testez l'hypothèse des caractéristiques de dépendance.
- Faites une prédiction de la moyenne de la valeur de la variable dépendante en fonction de la valeur de la variable indépendante au-delà de la portée de l'échantillon.

4.2 Hypothèse d'utilisation de la régression linéaire

Si nous voulons utiliser la procédure deconvient de prendre en compte l'hypothèse suivante:

- Régression plus linéaire, ilUn modèle de régression doit être linéaire dans les paramètres.
- La variable indépendante ne doit pas être en corrélation avec le terme de perturbation (Erreur).
- La valeur du terme perturbation est 0 (zéro) et le symbole est le suivant (E (U / X) = 0
- variance pour chaque terme d'erreur est constante.
- Aucune autocorrélation ne se produit.
- Le modèle de régression est spécifié correctement. Il n'y a pas de biais dans la spécifications de modèle utilisées dans l'analyse empirique.
- S'il existe plusieurs variables indépendantes, la relation linéaire réelle entre ces variables indépendantes (explicatives) ne doit pas avoir de relation linéaire réelle.

4.3 Conditions requises pour l'utilisation de la régression

linéaire Dans la régression linéaire, l'éligibilité du modèle est basée sur les éléments suivants: importe:

a. le modèle de régression est considéré comme réalisable si la valeur d'importance sur l'ANOVA < 0,05 est

b. prédictible. Le facteur prédictif de la variable indépendante utilisée doit être réalisable. La faisabilité peut être connue à l'aide de la valeur de l'erreur standard d'estimation. La valeur de l'erreur-type de l'estimation < Laécart-type

c. régression par le coefficient d'doit être significative. Pour tester l'importance, nous pouvons effectuer un test d'hypothèse à l'aide du test t. coefficient est significatif si t, t compter > table t

d. Il ne doit pas se produire multicolinéarité, cesignifie qu'il y est très élevé ou très faible corrélation entre les variables indépendantes. Cette exigence s'applique uniquement à la régression linéaire multiple avec plusieurs variables indépendantes.
e. Il ne doit pas y avoir d'autocorrélation. Pour le vérifier, nous pouvons utiliser les valeurs de Durbin et Watson (DW). L'autocorrélation n'aura pas lieu si: $-2 \leq DW \leq 2$ (Anderson, 2001: 733).
f. La qualité de l'ajustement du modèle de régression peut également être décrite à l'aide de lar^2 valeur. Le r^2 est plus grand que le meilleur le modèle. Si une valeur approche 1, le modèle de régression est meilleur. La valeur de r^2 présente les caractéristiques suivantes: 1) toujours positive, 2) maximum de 1. Si la valeur de régale^2 à 1, cela signifie qu'il existe un sens de conformité. Cela signifie que toutes les variations de la variable Y peuvent être expliquées par le modèle de régression. Inversement, si r^2 est identique à 0, il n'y a pas de relation linéaire entre X et Y.
g. Il doit exister une relation linéaire entre la variable indépendante X et la variable dépendante Y
h. Les données doivent être réparties normalement
i. Les données ont au moins un intervalle ou un rapport scale
j. La relation des variables est dépendante, ce qui signifie qu'une variable est une variable appelée variable prédictive ou variable indépendante et que l'autre variable est appelée variable dépendante (également appelée variable répondante).

5.4 Concepts de linéarité dans la régression linéaire

Il existe deux types de la linéarité dans l'analyse de régression, c'est-à-dire la linéarité dans les variables et les paramètres. La première, la linéarité dans les variables est la valeur moyenne conditionnelle de la variable dépendante qui est une fonction linéaire de la variable indépendante. Tandis que la seconde, une fonction linéaire est linéaire dans les paramètres et en même temps, elle ne peut pas être linéaire dans les variables.

4.5 Réalisation du test d'hypothèse en régression

En régression linéaire, le test d'hypothèse peut être basé sur deux éléments, à savoir: le niveau de signification (α) ou le niveau de probabilité ou l'intervalle de confiance. Le niveau de signification couramment utilisé est 0,05. Les niveaux de signification vont de 0,01 à 0,1. Ce que l'on entend par niveau de signification est la probabilité d'erreur de type I, ce qui signifie que rejeter l'hypothèse lorsque celle-ci est correcte. Les personnes utilisent généralement un intervalle de confiance allant jusqu'à 95%, ce qui correspond au niveau de confiance dans lequel la valeur de l'échantillon représente la valeur d'une population d'où provient l'échantillon. En testant l'hypothèse, il existe deux hypothèses, à savoir:

- H0 (hypothèse nulle) et H1 (hypothèse alternative).

L'exemple de l'hypothèse sur la productivité moyenne des employés égale à 10 (μ x = 10) sera le suivant:

- H0: la moyenne de productivité des employés est égale à 10
- H1: la moyenne de productivité des employés n'est pas égale à 10

Hypothèse Ses statistiques:

- H0: µ = 10 x
- H1: µ x > 10 pour le test d'hypothèse à une seule queue
- H1: µ x < 10
- H1: µ ≠ x 10 pour le test d'hypothèse à deux queues

Voici quelques points communs concernant le test d'hypothèse:

- Pour tester l'hypothèse, nous utilisons des données d'échantillon.
- En testant l'hypothèse, il y aura deux possibilités, à savoir que le test sera statistiquement significatif si nous rejetons H0 et que le test n'est pas statistiquement significatif si nous acceptons H0.
- Si nous utilisons une valeur de t, alors si la valeur de t devient plus grande ou reste loin de 0, nous aurons tendance à rejeter H0; Inversement, si la valeur t est plus petite ou proche de 0, nous accepterons probablement H0.

L'utilisation des courbes pour vérifier l'hypothèse permet de la décrire comme suit: a) pour le test bilatéral

a. le test bilatéral

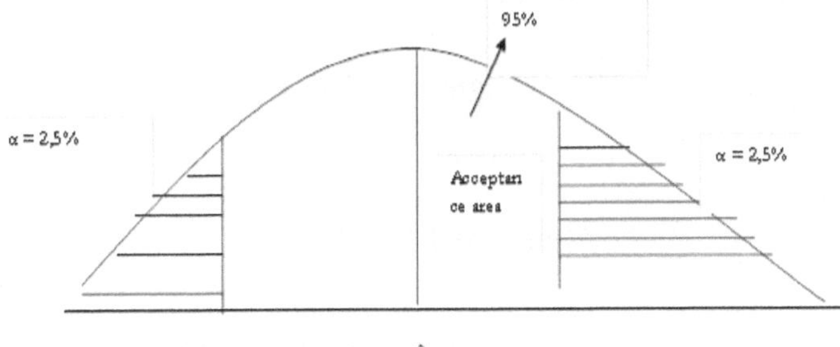

b) le test côté droit

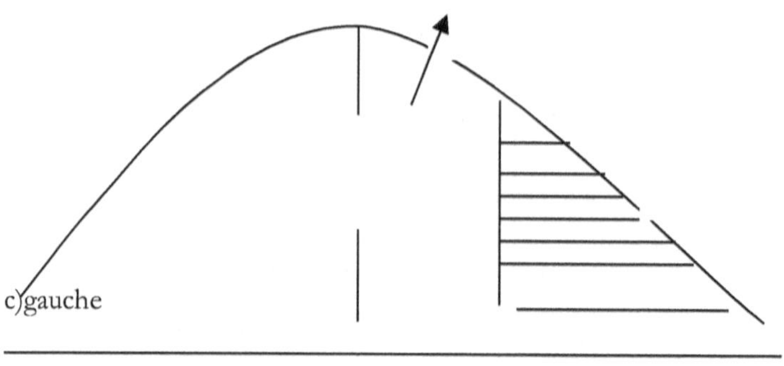

c)gauche

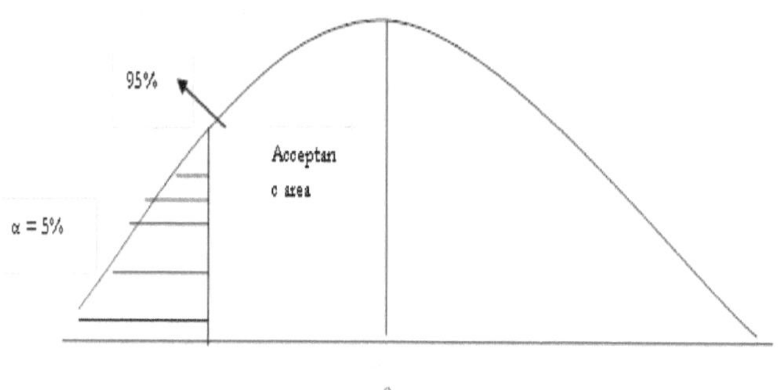

4.6 Caractéristiques d'un bon modèle en régression linéaire

La précision de la prédiction dans la régression linéaire dépend de la qualité de l'ajustement du modèle de régression que nous faisons. Selon Gujarati (2006), le modèle de régression est bon s'il répond à plusieurs critères:

- Parcimonie: un modèle ne peut jamais rendre parfaitement compte de la réalité; Par conséquent, nous allons faire un peu d'abstraction ou de simplification dans la création du modèle.
- Ayant une identification élevée: cela signifie qu'en utilisant les données existantes, les paramètres estimés doivent avoir des valeurs uniques ou, en d'autres termes, il n'y aura qu'un seul paramètre.
- Qualité d'adaptation: le but de l'analyse de régression est d'expliquer autant que possible la variation au sein de la variable dépendante à l'aide de la ou des variables indépendantes du modèle. Par conséquent, un modèle est considéré comme bon si la recherche empirique est mesurée en utilisant la valeur du rajusté[2] aussi élevée que possible.

- Théorie de la cohérence: le modèle devrait être conforme à la théorie. Une mesure sans théorie générera des résultats trompeurs.
- Le pouvoir de prédiction: la validité d'un modèle est directement proportionnelle à la capacité des prédictions de modèle. Par conséquent, sélectionnez un modèle à partir de prédictions théoriques dérivées d'expériences empiriques.

4.7 Exemple de cas

Dans la partie suivante, nous allons appliquer la procédure d'analyse par régression linéaire multiple dans le cas suivant: nous souhaitons utiliser un fichier extrait de IBM SPSS. Le nom du fichier est "cellular.sav". Dans ce cas, il y a 5 variables indépendantes, à savoir 1) la propension à quitter, 2) les années d'utilisation de notre service, 3) le revenu du ménage, 4) le pourcentage utilisé pour les affaires et 5) la moyenne mensuelle des minutes; et il existe une variable dépendante, à savoir la facture mensuelle moyenne.

Pour générer ce fichier,comme suit:

- ProcédezActivez IBM SPSS > Fichier > Ouvrir > Données > C > Fichiers de programme > IBM SPSS > Statistiques > votre version d'IBM SPSS > Exemples > Anglais > Cellular.sav > Open

Conduct l'analyse en procédant comme suit

- Cliquez sur **Analyser > Régression** > **Linéaire.**
- Déplacer la variable **Facture mensuelle moyenne** dans la **Dépendant.** colonne
- Déplacer la variable. de **tendance à quitter, années d'utilisationnotre service,revenu des ménages, Pct utilisés pourentreprises et moyennes minutesmois** à **indépendant** colonne
- Sélectionnez **Entrer dansMéthode** commande
- Cliquez sur **Option: Marcher Critères de méthode,** entrez la valeur 0,05 dans la colonne **Entrée** et cochez **Inclure la constante dans l'équation.**
- Sur la sélection des **valeurs manquantes,** cochez **Exclure les cas par liste > C** ont**continué**
- Sélectionner des **statistiques**: sur le choix de la **régression Coefficient,** sélectionnez **Estimer, Ajuster au modèle** et **Descriptif. résiduelle,** L'option sélectionnez **Cas sagediagnostic** et vérifier **touscas > Continuer**
- Cliquez sur **parcelles** pour créer Graphique > Vérifier **Produire tout terrain** partielle > Sur **parcelles résiduelles**normalisées,vérifier **de probabilité normale et** Histogramme > **Continuer**
- Cliquez sur **OK** pour traiter

Cesuit est le résultat de le calcul et son interprétation

Résultat de calcul

Descriptive Statistics

	Mean	Std. Deviation	N
Average monthly bill	63,3963	19,79981	250
Avg monthly minutes	162,1856	46,57060	250
Pct used for business	32,6847	9,06560	250
Years using our service	2,6795	,60403	250
Household income (1998)	61,5896	11,11588	250
Propensity to leave	41,5395	13,32429	250

Première partie: Statistiques

descriptives Les statistiques descriptives ci-dessus ont la signification suivante:

- La moyenne de la facture mensuelle est de 63.3963; la moyenne des minutes mensuelles est de 162,1856; le pct utilisé pour les affaires est 32,6847; Le nombre d'années d'utilisation de notre service est de 2,66795; Le revenu du ménage est de 61.5896 et la propension à partir est de 41.5385. Cette moyenne prédictive est basée sur les données observées.
- L'écart-type de la facture mensuelle moyenne est de 19,79981; la moyenne des minutes mensuelles est de 46,57060; le pct utilisé pour les affaires est 9,06560; Années d'utilisation de notre service est de 0,60403; Le revenu du ménage est de 11.11588 et la propension à partir est de 13.32429. Ces valeurs d'écart-type montrent que le modèle de régression est descriptif du fait que toutes les valeurs sont inférieures aux valeurs moyennes de la variable respective.
- Le nombre de cas est de 250

Deuxième partie: Corrélation entre la facture mensuelle moyenne et la moyenne des minutes mensuelles, le pourcentage utilisé pour les affaires, le nombre d'années d'utilisation de notre service, le revenu du ménage et la propension à partir

	Average monthly bill	Avg monthly minutes	Pct used for business	Years using our service	Household income	Propensity to leave
Average monthly bill	1,000	,478	,505	,303	,213	,312
Average monthly bill	.	,000	,000	,000	,000	,000

À partir du calcul, la valeur de la corrélation est la suivante.

- La corrélation entre la facture mensuelle moyenne et la moyenne des minutes mensuelles est de 0,478. Cela signifie que la corrélation entre les deux variables est moyenne. La corrélation entre les deux variables est significative si elle est vue à partir de la valeur de signification (sig) de 0,000 qui est inférieure à 0,05. Si la valeur de signification < 0,05, la corrélation entre les deux variables est significative.
- La corrélation entre la facture mensuelle moyenne et le PCT utilisé pour les entreprises est de 0,505. Cela signifie que la corrélation entre les deux variables est moyenne. La corrélation entre les deux variables est significative car la valeur de signification (sig) de 0,000 est inférieure à 0,05.
- La corrélation entre la facture mensuelle moyenne et les années d'utilisation de notre service est de 0,303. Cela signifie que l'ampleur de la corrélation entre les deux variables est faible. La corrélation entre les deux variables est significative car la valeur de signification (sig) de 0,000 est inférieure à 0,05.
- La corrélation entre la facture mensuelle moyenne et le revenu du ménage est de 0,213. Cela signifie que l'ampleur de la corrélation entre les deux variables est faible. La corrélation entre les deux variables est significative car la valeur de signification (sig) de 0,000 est inférieure à 0,05.
- La corrélation entre la facture mensuelle moyenne et la propension à partir est de 0,312. Cela signifie que l'ampleur de la corrélation entre les deux variables est faible. The correlation between the two variable is significant because the value of significance (sig) of 0.000 is less than 0.05.

Model Summary[b]

Model	R	R Square	Adjusted R Square	Std. Error of the Estimate	Durbin-Watson
1	,608[a]	,370	,357	15,87695	1,723

a. Predictors: (Constant), Propensity to leave, Years using our service, Household income (1998), Pct used for business, Avg monthly minutes
b. Dependent Variable: Average monthly bill

Troisième partie: Résumé du modèle
Le résumé du modèle montre l'une des valeurs importantes de la régression linéaire simple, à savoir th R Carré (R^2). La valeur du R Carré 0.370. Cette valeur correspond à la proportion de la variabilité des variables dépendantes de la facture mensuelle moyenne pouvant être expliquée par la moyenne des minutes mensuelles, le pourcentage utilisé pour les affaires, le nombre d'années d'utilisation de notre service, le revenu du ménage et la propension à laisser des variables indépendantes. Le reste, jusqu'à 0,63 (1-0,370), devrait être expliqué par d'autres facteurs extérieurs à ce modèle. Cette valeur est appelée erreur (e).

La prochaine valeur importante est l'erreur type de l'estimation (SEE). La valeur de SEE est de 15,87695 pour la facture mensuelle moyenne. Si cette valeur est comparée à la valeur de l'écart-type de la même variable jusqu'à 19,79981, SEE est inférieur à l'écart-type. Cela signifie que les 6 variables indépendantes sont des variables correctes dont la fonction est de prédire la variable dépendante. La disposition indique: une bonne variable indépendante utilisée pour prédire la valeur de la variable dépendante si cette variable a une valeur SEE inférieure à la valeur des écarts types (SEE < STD).

ANOVA[a]

Model		Sum of Squares	df	Mean Square	F	Sig.
1	Regression	36109,188	5	7221,838	28,649	,000[b]
	Residual	61506,900	244	252,077		
	Total	97616,088	249			

a. Dependent Variable: Average monthly bill
b. Predictors: (Constant), Propensity to leave, Years using our service, Household income (1998), Pct used for business, Avg monthly minutes

Quatrième partie: ANOVA
La sortie ANOVA indique la valeur de F et son niveau de signification. Selon la sortie ci-dessus, la valeur F est 28,649 et sa signification est 0,000. Ces valeurs peuvent être utilisées pour évaluer la qualité de l'ajustement du modèle de régression que nous avons créé. Les dispositions sont les suivantes.

• Si nous utilisons la valeur F. Un bon modèle se produit si la valeur F du calcul (Fo) est supérieure à la valeur F du tableau (Fα)
• Si nous utilisons le niveau de signification. Un bon modèle se produit si la valeur de signification du calcul est inférieure à 0,05.

Comme nous utilisons IBM SPSS, nous utiliserons la deuxième disposition. Dans la sortie ci-dessus, la valeur de la signification est égale à 0,000, ce qui est inférieur à 0,05. Ensuite, le modèle de régression que nous avons créé est réalisable. Si vous voulez utiliser une valeur F, nous pouvons le faire en comparant entre Fo et Fα avec les dispositions suivantes.
• Si Fo > Fα, rejeter H0 et accepter H1
• Si Fo < Fα, alors accepter H0 et rejeter H1
Le Fo est autant que 28.649. Pour trouver le Fα, nous pouvons utiliser le tableau F avec les dispositions suivantes: décider α jusqu'à 0,05, puis le degré de liberté (DF) est calculé comme suit: le numérateur est k -1, ce qui correspond à 6 (variables) - 1 Le résultat est 5; et le dénominateur est n - k, ce qui est égal à 250 (observations) - 6 (variables). Le résultat est 244. Nous obtenons donc le Fα de la table jusqu'à 2,10. Depuis le Fo 28.649 est plus grand que Fα jusqu'à 2.10; donc nous rejetons H0 et acceptons H1.
L'hypothèse sera la suivante:
• H0: Propension à partir, Années d'utilisation de notre service, Revenu du ménage (1998), Pct utilisé pour les affaires et Minutes mensuelles moyennes n'affectent pas la Facture mensuelle moyenne
• H1: Propension à partir, Nombre d'années d'utilisation de notre service, Revenu du ménage (1998), Pct utilisé pour les affaires et Moyenne de minutes mensuelles affectant Facture mensuelle moyenne La conclusion est la suivante: Propension à partir, Années d'utilisation de notre service, Revenu du ménage (1998), Pct utilisé pour les affaires et Minutes mensuelles moyennes affectent la Facture mensuelle moyenne.
Le modèle de régression que nous faisons est correct. Nous pouvons également utiliser la valeur de signification pour tester les hypothèses ci-dessus en utilisant les critères suivants.

- Si le niveau de signification est inférieur à (<) 0,05; rejeter H0 et accepter H1
- Si le niveau de signification est supérieur à (>) 0,05; accepter H0 et rejeter H1

Sur la base de la sortie Anova, la valeur de signification est 0,000, ce qui est inférieur à 0,05; ainsi nous rejetons H0 et acceptons H1. En conclusion, les deux valeurs de F et de signification aboutiront à la même décision.

Model	Unstandardized Coefficients		Standardized Coefficients	t	Sig.
	B	Std. Error	Beta		
(Constant)	5,323	6,904		,771	,441
Avg monthly minutes	,115	,030	,270	3,820	,000
Pct used for business	,807	,122	,370	6,601	,000
Years using our service	3,190	1,828	,097	1,745	,082
Household income (1998)	-,010	,098	-,006	-,103	,918
Propensity to leave	,124	,096	,083	1,284	,200

a. Dependent Variable: Average monthly bill

Cinquième partie: Coefficient de régression
La sortie ci-dessus montre:

- Coefficient de régression (b) comme suit:
  - Propension à partir: 0,124 Cette valeur correspond au changement de la valeur de la facture mensuelle moyenne lorsque la valeur de la propension à partir a augmenté dans une unité. . La valeur étant positive, 0,124 indique une augmentation de la facture mensuelle moyenne lorsque la propension à partir augmente dans une unité. Depuis la valeur d'importance jusqu'à 0,200 > 0,05; ainsi, le changement de valeur n'est pas significatif.
  - Années d'utilisation de notre service: 3.190. Cette valeur fait référence au changement de la valeur de la facture mensuelle moyenne lorsque le nombre d'années d'utilisation de notre service augmente d'une unité. Étant donné que la valeur est positive, 3,190 indique une augmentation de la facture mensuelle moyenne lorsque le nombre d'années d'utilisation de notre service augmente d'une unité. Depuis la valeur d'importance jusqu'à 0,082 > 0,05; ainsi, le changement de valeur n'est pas significatif.
  - Revenu du ménage (1998): -0,010. Cette valeur correspond à la variation de la valeur de la facture mensuelle moyenne lorsque le revenu du ménage augmente d'une unité. Puisque la valeur est négative, -0,010 indique une diminution de la facture mensuelle moyenne lorsque le revenu du ménage varie d'une unité. Depuis la valeur d'importance jusqu'à 0,918 > 0,05; ainsi, le changement de valeur n'est pas significatif.
  - Pct utilisé en entreprise: 0.807. Cette valeur fait référence à la variation de la valeur de la facture mensuelle moyenne lorsque le pourcentage d'utilisation utilisé pour les affaires augmente d'une unité. Étant donné que

la valeur est positive, 0,807 indique une augmentation de la facture mensuelle moyenne lorsque le nombre de pct utilisés pour des affaires augmente d'un unité. Depuis la valeur d'importance jusqu'à 0,000 < 0,05; ainsi le changement de valeur est significatif

• Minutes mensuelles moyennes: 0,115. Cette valeur fait référence au changement de la valeur de la facture mensuelle moyenne lorsque le nombre moyen de minutes mensuelles augmente dans une unité. Étant donné que la valeur est positive, 0,115 indique une augmentation de la facture mensuelle moyenne lorsque le nombre de minutes mensuelles moyennes augmente dans une unité. Depuis la valeur d'importance jusqu'à 0,000 < 0,05; ainsi le changement de valeur est significatif

- Constante (a) jusqu'à 5.323. Cette valeur fait référence à la valeur de la facture mensuelle moyenne lorsque les valeurs de Propension à partir, Années utilisant notre service, Revenu du ménage (1998), Pct utilisé pour les entreprises et Moyenne mensuelle sont 0 (zéro). Donc 5,323 signifie la valeur de la facture mensuelle moyenne quand il n'y a pas d'augmentation des valeurs de ces 5 variables indépendantes.

Ainsi, l'équation devient la suivante:
Y = 5,223 + 0,124X1 + 3,190X2 - 0,010 X3 + 0,870X4 + 0,115X5

Pour tester la signification des valeurs ci-dessus, nous pouvons également utiliser les 5 hypothèses suivantes.

Première hypothèse

- H0: La propension à partir n'affecte pas la facture mensuelle moyenne
- H1: La propension à partir affecte la facture mensuelle moyenne

Utilisez les critères suivants pour prendre une décision.
Si le niveau de signification est inférieur à (<) 0,05; rejeter H0 et accepter H1
Si le niveau de signification est supérieur à (>) 0,05; accepter H0 et rejeter H1
Depuis la valeur d'importance jusqu'à 0,200 > 0,05; accepte donc H0 et rejette H1.

Deuxième hypothèse

- H0: Les années d'utilisation de notre service n'affectent pas la facture mensuelle moyenne
- H1: Le nombre d'années d'utilisation de notre service affecte la facture mensuelle moyenne

Depuis la valeur d'importance jusqu'à 0,082 > 0,05; accepte donc H0 et rejette H1

Troisième hypothèse

- H0: Le revenu du ménage (1998) n'affecte pas la facture mensuelle moyenne
- H1: Le revenu du ménage (1998) affecte la facture mensuelle moyenne

Depuis la valeur d'importance jusqu'à 0,918 > 0,05; accepte donc H0 et rejette H1

Quatrième Hypothèse

- H0: Le pct utilisé pour les affaires n'affecte pas la facture mensuelle moyenne
- H1: Le pct utilisé pour les affaires affecte la facture mensuelle moyenne

Depuis la valeur d'importance jusqu'à 0,000 < 0,05; rejetez donc H0 et acceptez H1

Cinquième hypothèse

- H0: La facturation mensuelle moyenne n'affecte pas la facture mensuelle moyenne
- H1: La facturation moyenne des minutes mensuelles affecte la facture mensuelle moyenne

Depuis la valeur d'importance jusqu'à 0,000 < 0,05; rejetez donc H0 et acceptez H1

Case Number	Std. Residual	Average monthly bill	Predicted Value	Residual
1	-1,879	48,43	78,2661	-29,83237
2	,204	61,93	58,6848	3,24666
3	-1,090	47,90	65,2011	-17,29798
4	-1,241	66,92	86,6210	-19,69779
5	-,922	72,78	87,4131	-14,63334

Sixième partie: Diagnostic par cas

Le résultat ci-dessus montre, à titre d'exemple, le résultat de la prédiction de la facture mensuelle moyenne pour 5 mois.

- Le premier cas montre les valeurs prédites jusqu'à 78.2661
- Le deuxième cas montre les valeurs prédites jusqu'à 58.6848
- Le troisième cas montre les valeurs prédites jusqu'à 65.2011
- Le quatrième montre les valeurs prédites jusqu'à 86.6210
- Le cinquième cas montre les valeurs prédites autant que 87.4131

Septième partie: les statistiques résiduelles

	Minimum	Maximum	Mean	Std. Deviation	N
Predicted Value	32,3637	98,5276	63,3963	12,04229	250

Le résultat ci-dessus fournit une description de la valeur minimale prédite de la facture mensuelle moyenne: 32.3637; la valeur maximale prévue de la facture mensuelle moyenne: 98,5276; la moyenne prédite de la facture mensuelle moyenne: 147.83. Ce nombre s'applique à tous les cas examinés.

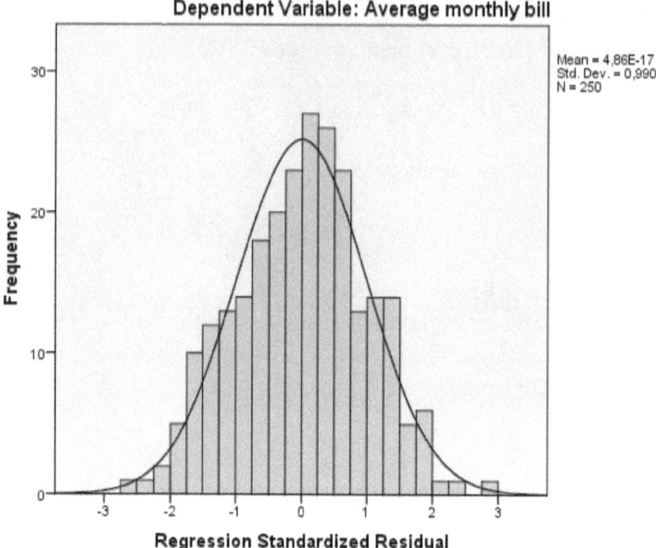

Le graphique ci-dessus montre la répartition des données de la variable dépendante de la facturation mensuelle moyenne. Les données sont normalement distribuées.

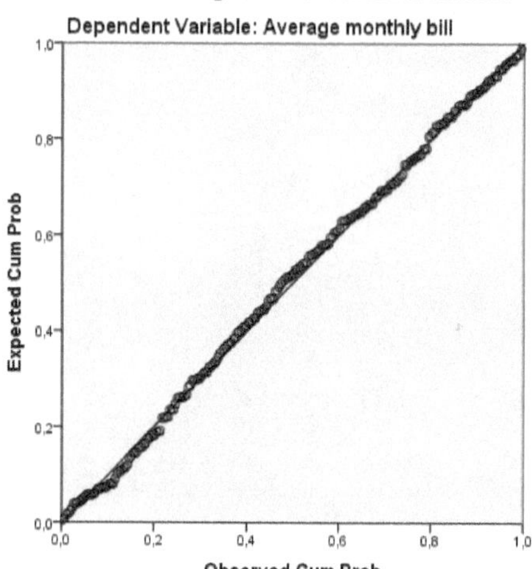

Le graphique ci-dessus montre la distribution des données sous forme d'une ligne droite allant du côté inférieur gauche au côté supérieur droit. Cela signifie que les données sont normalement distribuées.

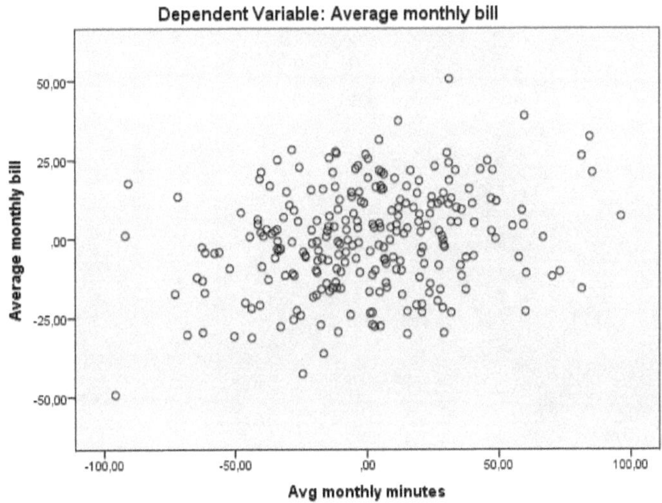
Partial Regression Plot
Dependent Variable: Average monthly bill
50,00
25,00
,00
-25,00
-50,00
Average monthly bill
-100,00
-50,00
,00
50,00
100,00
Avg monthly minutes

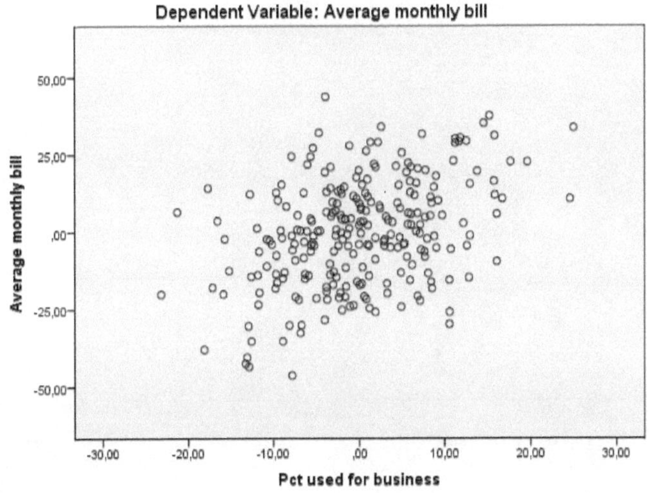
Partial Regression Plot
Dependent Variable: Average monthly bill
50,00
25,00
,00
-25,00
-50,00
Average monthly bill
-30,00
-20,00
-10,00
,00
10,00
20,00
30,00
Pct used for business

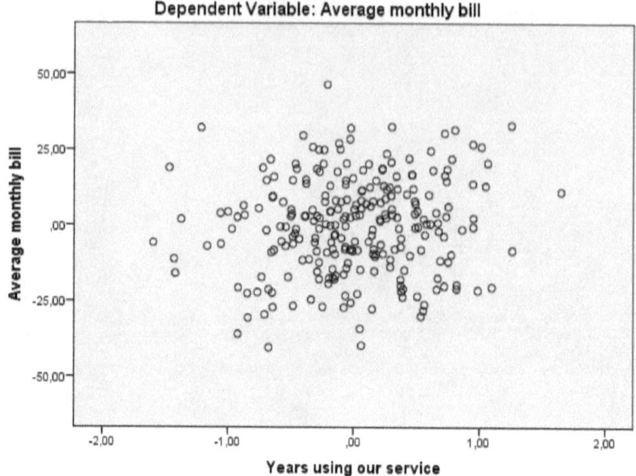
Partial Regression Plot
Dependent Variable: Average monthly bill
Average monthly bill
50,00
25,00
,00
-25,00
-50,00
-2,00
-1,00
,00
1,00
2,00
Years using our service

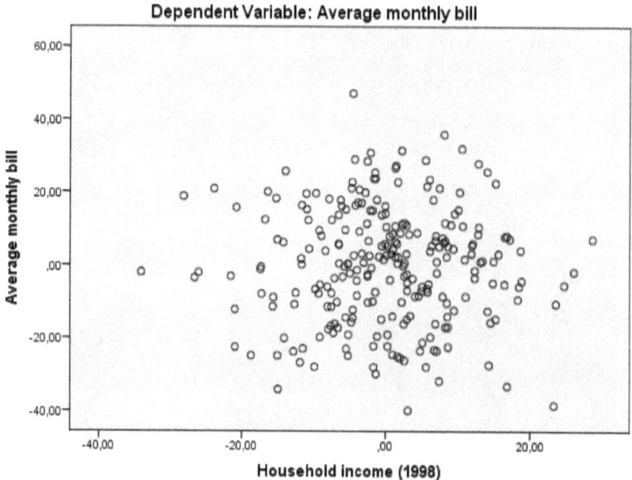
Partial Regression Plot
Dependent Variable: Average monthly bill
Average monthly bill
60,00
40,00
20,00
,00
-20,00
-40,00
-40,00
-20,00
,00
20,00
Household income (1998)

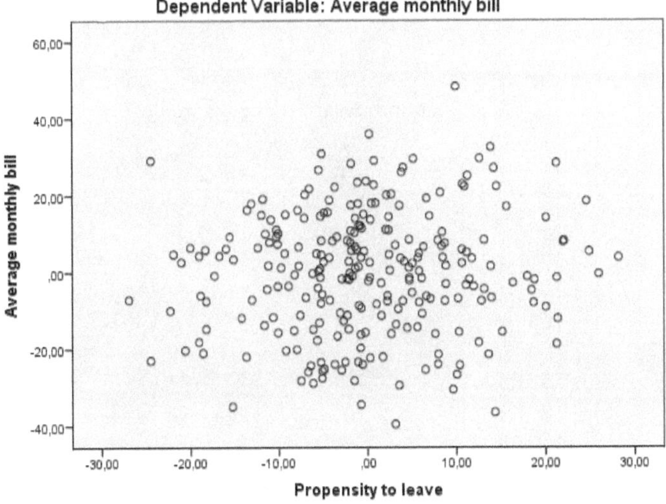

Les cinq graphiques ci-dessus montrent le diagramme dispersé pour toutes les variables, ce qui signifie qu'il n'y a pas d'hétéroscédasticité car les données se dispersent de manière aléatoire.

.

4.3 Résumé

En régression multiple, les résultats de l'analyse produiront

- la valeur moyenne prédite.
- R^2
- Coefficient de détermination
- Valeur de la corrélation.
- Les valeurs minimale et maximale
- Les valeurs prédites de la variable dépendante.

4.4 Concepts base

Certains conceptsbasenous avons appris de la régression linéaire multiple sont:

- Coefficients de régression
- Moyenne prédites
- R^2
- Coeeficientde détermination
- L'erreur type d'estimation
- Faisabilité des modèles de régression (ajustement du modèle)
- Résiduelle
- D'erreur

4.5 Exercices

Utiliser plusieurs processus d'analyse de régression pour les données suivantes avec 3 variables indépendantes de X1, X2 et X3et une variable dépendante de Y.

Y	X1	X2	X3
215	30	25	9
153	26	20	9
138	16	14	10
176	24	16	8
244	31	30	9
128	27	24	12
167	10	12	12
99	10	13	9
311	29	19	15
99	14	15	11
81	18	13	12
69	14	12	10
71	10	8	9
179	22	19	17
101	17	14	13

CHAPITRE V

CORRÉLATION CANONIQUE

Dans cette section, le lecteur apprendra à utiliser la procédure de corrélation canonique. Cette procédure comprendra les éléments suivants.

- Comprendre les termes de base fréquemment utilisés dans la corrélation canonique.
- Comment appliquer la corrélation canonique à l'analyse des données
- Interpréter les résultats de l'analyse.

5.1 Termes de base

Base Les termes de base relatifs à la corrélation canonique sont les suivants:

- **Coefficient de corrélation canonique:** mesure de la force de la relation globale entre les deux compositions linéaires (variate canonique). Une variable pour les variables indépendantes de variable et une variable pour les autres variables dépendantes de variable.
- **Chargements canoniques:** corrélation croisée de chaque variable indépendante et variable dépendante avec la variable canonique opposée.
- **Fonction canonique:** corrélation entre deux compositions linéaires (variate canonique). Chaque fonction canonique a deux variates canoniques, c'est-à-dire une pour l'ensemble des variables indépendantes et une autre pour un ensemble de variables dépendantes.
- **Racines canoniques:** corrélation canonique au carré qui donne une estimation du nombre de variants partagés entre chaque variable à partir de la variable canonique de la variable. variables indépendantes et dépendantes, également appelées valeurs propres.
- **Variantes canoniques:** combinaison de la somme pondérée linéaire représentant de manière optimale deux variables ou plus créées à partir des variables indépendantes et dépendantes Chargements
- **Canoniques:** corrélation linéaire simple entre les variables et la variable canonique respective
- **Orthogonal:** une limite mathématique spécifie la fonction canonique.
- **Valeurs propres:** identiques aux racines canoniques.

- **Index:** nombre de redondances dans la variable canonique décrite par une autre fonction de variable canonique.

5.2 Échantillon du cas

Comme exemple du cas, nous allons utiliser le fichier SPSS. Le nom de fichier est bankloan.sav. Le fichier peut être pris dans le dossier des fichiers du programme > IBM SPSS > 24 (*votre version*) > Exemple > Anglais > bankloan. sav. Les étapes à suivre pour utiliser la procédure d'analyse de corrélation canonique sont les suivantes:

- Activer le fichier de sauvegarde d'un prêt bancaire
- **Analyse > corréler > corrélation canonique.**
- Dans une colonne de groupes de variables X Ensemble 1: entrez les variables **Âge en années (âge), les années avec l'emploi actuel (emploi), les années avec l'adresse actuelle (adresse)** et **le revenu du ménage (revenu).**
- Dans une colonne de groupes de variables Y Ensemble 2: entrez les variables **Ratio d'endettement (debtinc), dette de carte de crédit (créance) et Autre dette (autre dette).**
- Cliquez sur **OK.**

5.3 Interprétation

Les résultats de l'analyse sont les suivants:

Corrélations canoniques Paramètres

	Values
Set 1 Variables	age employ address income
Set 2 Variables	debtinc creddebt othdebt
Centered Dataset	None
Scoring Syntax	None
Correlations Used for Scoring	3

Corrélation canonique implique la relation d'un ensemble de groupe 1 avec les variables suivantes: “âge, emploi, adresse et revenu” et un ensemble du groupe 2 avec les variables suivantes: “dette, dette et autres dettes”.

Canonical Correlations

	Correlation	Eigen value	Wilks Statistic	F	Num DF	Denom DF	Sig.
1	.833	2.275	.303	105.853	12.000	2230.660	.000
2	.074	.006	.994	.854	6.000	1688.000	.528
3	.022	.001	.999	.	.	.	.

Le test H0 pour le test de Wilks indique que les corrélations dans les lignes actuelle et suivante sont nulles.

La corrélation entre un ensemble de variables du groupe 1, à savoir l'âge, l'emploi, l'adresse et le revenu, avec un ensemble de variables du groupe 2, à savoir les dettes, les créances et les dettes. Le reste de la dette est 0,833 (cette valeur est prise dans la colonne de corrélation 1) et la corrélation entre deux groupes de variables est significative car la valeur de signification dans la colonne Sig est 0,000 <0,05. Pour effectuer un test d'hypothèse peut être fait comme suit.

H0: il n'y a pas de corrélation significative entre un ensemble de variables du groupe 1, à savoir l'âge, l'emploi, l'adresse et le revenu, avec un ensemble de variables du groupe 2, à savoir les dettes, les créances et les autres dettes.
H1: il existe une corrélation significative entre un ensemble de variables du groupe 1, à savoir l'âge, l'emploi, l'adresse et le revenu, et un ensemble de variables du groupe 2, à savoir les dettes, les dettes et les autres dettes.

Les critères utilisés sont les suivants:
Si la valeur significative < 0,05 est alors la corrélation entre les deux groupes de variables est significative
Si la valeur significative > 0,05 est la corrélation entre les deux groupes de variables est non significative

Prenez la décision comme suit
La signification la valeur dans la colonne Sig est 0,000 < 0,05, ainsi la corrélation entre les deux groupes de variables est significative. En conséquence, la conclusion est qu'il existe une corrélation significative entre un ensemble de variables du groupe 1, à savoir «âge, emploi, adresse et revenu» et un ensemble de variables du groupe 2, à savoir «dette, dette et autres dettes.

Set 1 corrélation normalisée CanoniqueCoefficients Coefficients

Variable	1	2	3
Age	-.016	1.399	.209
Employ	-.114	-.600	-.134
Address	.011	-.760	.956
Income	-.920	-.054	-.323

La sortie cidessus montre la valeur des coefficients de corrélation canoniques normalisés. La corrélation entre un ensemble de variables et le groupe 2: âge jusqu'à - 0,016; employer jusqu'à -0,114; traiter jusqu'à 0,011 et le revenu jusqu'à 0,920.

Jeu 2 Coefficients de corrélation canoniques standardisés

Variable	1	2	3
Debtinc	.799	.756	-.602
creddebt	-.534	-.741	-.988
othdebt	-.840	.722	.867

Le résultat ci-dessus montre la valeur des coefficients de corrélation canoniques normalisés. La corrélation entre un ensemble de variables et le groupe 1: endettement pouvant aller jusqu'à 0,799; créancière jusqu'à - 0,534 et d 'autres jusqu'à 0,840.

Set 1 non normalisés CanoniqueCoefficients

Variable	1	2	3
Age	-.002	.174	.026
employ	-.017	-.089	-.020
address	.002	-.110	.139
income	-.024	-.001	-.008

La sortie cidessus montre la valeur des coefficients de corrélation canoniques non normalisés. La corrélation entre un ensemble de variables et le groupe 2: un âge égal à 0,002; avec un emploi de 0,017; avec l'adresse de 0,002 et avec un revenu de 0,024

Set 2 non normalisées corrélation canoniquecoefficients

Variable	1	2	3
Debtinc	.119	.112	-.090
Creddebt	-.251	-.349	-.465
Othdebt	-.247	.213	.255

La sortie cidessus montre la valeur des coefficients de corrélation canonique non normalisés. La corrélation entre un ensemble de variables et le groupe 1: endettement pouvant atteindre 0,119; dettcred autant que -0,251 et otherdebt jusqu'à -0,247

Set 1 CanonicalChargements

Variable	1	2	3
Age	-.511	.585	.555
Employ	-.695	-.120	.110
Address	-.322	-.144	.936
Income	-.996	.003	-.013

La corrélation entre Age et sa variante canonique est de -0,511; Employer sa variable canonique est -0,695; Adresse sa variable canonique est -0.322. Revenu sa variable aléatoire canonique est -0,996

Set 2 poids canoniques

Variable	1	2	3
Debtinc	.043	.788	-.614
Creddebt	-.664	.114	-.739
Othdebt	-.727	.677	-.115

La corrélation entre dettrev avec sa variable aléatoire canonique est 0,043; Creddebt avec sa variable canonique est -0.664; Otherdebt, sa variante canonique est -0727.

Jeu 1 Cross Loadings

Variable	1	2	3
Age	-.426	.044	.012
Employ	-.579	-.009	.002
Address	-.268	-.011	.021
Income	-.830	.000	.000

La corrélation entre l'âge et son deuxième groupe la variable canonique est -0,426; Employer sa variable canonique du deuxième groupe est -0,579; Adresse son second groupe variate canonique est -0.268; etrevenu avec son deuxième groupe variate canonique est -0,830

Set 2 Cross chargements

Variable	1	2	3
debtinc	.036	.059	-.014
creddebt	-.554	.008	-.017
othdebt	-.606	.050	-.003

La corrélation entre dettrev avec son premier groupe variate canonique est 0.036; Creddebt avec son premier groupe de variables canoniques est 0.554; et Otherdebt son premier groupe Factorielle est-0,606

Proportion devariance expliquée

Canonical Variable	Set 1 by Self	Set 1 by Set 2	Set 2 by Self	Set 2 by Set 1
1	.460	.319	.324	.225
2	.094	.001	.364	.002
3	.299	.000	.312	.000

Proportion d'un ensemble de variables du groupe 1 pouvant être expliquée à l'aide d'un ensemble de variables du groupe 2 de 0,319 ou 31,9%. La proportion d'un ensemble de variables du groupe 2 pouvant être expliquée à l'aide d'un ensemble de variables du groupe 1 est de 0,225 ou 22,5%.

5.4 Résumé

L'analyse de la corrélation canonique générera les valeurs de la corrélation entre les variables de deux groupes. Seules les variables qualifiées sont considérées comme corrélées avec les autres variables d'un groupe différent.

5.5 Concepts de base

- La valeur de la corrélation.
- Variates canoniques.

- Poids canonique.
- Chargements canoniques

5.6 Des exercices

Utilisez une analyse de corrélation canonique sur les données ci-dessous avec le problème suivant: Existe-t-il une corrélation significative entre les variables de produit, prix, emplacement, promotion, processus de distribution et installations physiques avec les ventes et le bénéfice?

Produit	prix	promotion	distribution	process us	installat ions	vent es	Béné fice
8	7	8	9	10	9	10	8
8	8	8	8	8	8	8	8
9	9	9	9	9	9	9	9
8	8	8	7	8	9	9	9
9	9	9	9	9	9	9	9
8	8	8	8	8	8	9	10
7	7	7	7	7	9	9	9
8	8	8	8	8	8	8	8
9	9	9	9	9	9	9	9
9	7	9	9	10	10	10	10
7	7	7	9	9	9	9	9
9	9	9	9	9	9	9	9
7	7	7	7	7	8	7	9
9	9	9	9	9	9	9	9
8	8	8	9	9	9	9	9
8	9	7	7	9	7	7	7
9	9	9	8	8	8	8	8
10	8	8	8	8	8	9	7
9	9	9	9	9	9	9	9
8	8	8	8	8	9	9	9
9	9	9	7	8	8	8	8
9	9	9	9	9	9	9	9
8	8	8	8	8	7	7	7
9	9	9	9	9	9	9	9
9	7	8	8	9	9	9	9
9	9	9	9	9	10	9	8
8	8	8	9	9	9	9	9
9	9	9	9	9	9	9	9
8	9	8	7	8	7	8	10

CHAPITRE VI

FACTORIAL ANOVA

6.1 Définition

Factorielle ANOVA utilise deux les variables indépendantes identifiées comme des facteurs fixes dans lesquels une variable est non métrique et une autre variable est métrique avec une variable dépendante. Le rôle de la variable indépendante non métrique est de contraster la moyenne de la variable dépendante. Cette procédure est utile dans une recherche expérimentale. Les deux variables indépendantes doivent être incluses dans l'expérience.

6.2 Conditions requises

L'utilisation de l'ANOVA factorielle est la suivante:

- La variable dépendante doit avoir une échelle métrique.
- Les variables indépendantes doivent être une variable mise à l'échelle non métrique et une autre variable métrique.
- Les deux variables indépendantes doivent être traitées comme faisant partie de la expérience.

6.3 Exemple de cas

Dans cette étude, nous souhaitons comparer la moyenne des ventes de 5 marques de téléphones cellulaires, à savoir Nokia, Blackberry, Samsung, Oppo et Apple. Outre la marque, nous souhaitons également utiliser la qualité du produit en tant que variable indépendante de la métrique. Utilisez les données ci-dessous pour utiliser l'ANOVA factorielle.

demarque	qualité	ventes
1	9	61
1	9	63
1	9	64
1	8	65
1	9	66
1	10	60
1	9	59

1	8	59
1	9	58
1	10	57
2	9	59
2	8	57
2	9	54
2	8	52
2	9	44
2	8	46
2	9	50
2	7	47
2	9	48
2	8	45
3	8	66
3	8	56
3	8	55
3	9	54
3	9	48
3	9	57
3	7	55
3	8	53
3	7	52
3	8	60
4	7	47
4	7	43
4	7	44
4	8	45
4	8	46
4	8	50
4	8	53
4	9	60
4	8	59
4	9	58
5	7	50
5	7	55
5	6	54
5	8	53
5	8	52
5	7	51
5	9	49
5	7	48
5	8	47
5	8	46

Créez une conception variable dans la vue variable comme suit:

nom	type	largeur	décimales	deétiquette	valeurs	manquante	colonne	aligner	mesure	rôle
marque	num ériq ue	8	0	marquecomme rce	**	Aucun	8	R	ordinale	d'entrée
qualité	num ériq ue	8	0	qualité produit		Aucun	8	R	échelle	entrée
ventes	num ériq ues	8	0	Ventes		Aucune	8	R	échelle	Sortie à l'

** Notes: Écrivez le code de quantification en utilisant le numéro comme suit: 1 pour Nokia, 2 pour Blackberry, 3 pour Samsung, 4 pour Oppo et 5 pour Apple lors de l'insertion de cette variable dans IBM SPSS

Entrez les données ci-dessus. dans IBM SPSS en **vue de données**

- Pour saisir les données, saisissez tous les cas du tableau ci-dessus.

Les étapes à calculer sont les suivantes:

- **Analyse > Modèle de couche générale > Univarié**
- Entrez la **Ventes** dans la **colonnecolonne de la variable dépendante; Marquecommerce** et **qualité des produits** dans **de facteurs**
- **Modèlefixes >** choisir **factoriel > Continuer**
- **Post Hoc Option >** Déplacer dans le droitcolonnes **marques** et **qualitéproduit >** En **variance égaleoption supposée,** vérifier **Bonferroni > Continuer**
- **Options >** vérifier **statistiques descriptives > Continuer**
- **Ok**

Le résultat et la interprétation sont les suivantes.

Between-Subjects Factors

		Value Label	N
Trademark	1	Nokia	10
	2	Black Berry	10
	3	Samsung	10
	4	Oppo	10
	5	Apple	10
product quality	6		1
	7		10
	8		20
	9		17
	10		2

Le résultat ci-dessus montre le facteur fixe, à savoir le facteur non métrique. variable indépendante de la marque et variable dépendante de la métrique de la qualité du produit dont la fonction est de faire un contraste basé sur la moyenne de la valeur de la variable dépendante des ventes.

Descriptive Statistics

Dependent Variable: sales

trademark	product quality	Mean	Std. Deviation	N
Nokia	8	62.00	4.243	2
	9	61.83	3.061	6
	10	58.50	2.121	2
	Total	61.20	3.120	10
Black Berry	7	47.00	.	1
	8	50.00	5.598	4
	9	51.00	5.745	5
	Total	50.20	5.160	10
Samsung	7	53.50	2.121	2
	8	58.00	5.148	5
	9	53.00	4.583	3
	Total	55.60	4.835	10
Oppo	7	44.67	2.082	3
	8	50.60	5.683	5
	9	59.00	1.414	2
	Total	50.50	6.553	10
Apple	6	54.00	.	1
	7	51.00	2.944	4
	8	49.50	3.512	4
	9	49.00	.	1
	Total	50.50	3.028	10
Total	6	54.00	.	1
	7	49.20	4.158	10
	8	53.25	6.423	20

9	56.00	6.354	17
10	58.50	2.121	2
Total	53.60	6.279	50

Le tableau cidessus montre les valeurs moyennes de chaque vente demarque de téléphone cellulairefaçon suivante.

- La moyenne des ventes de Nokia est 61.20 (61)
- La moyenne des ventes de Black Berry est 50,20 (50)
- La moyenne des ventes de Samsung est 55.00
- La moyenne des ventes de Oppo est 50,50 (50)
- La moyenne des ventes d'Apple est 53,60 (54)
- Le chiffreaffaires Le total moyen est de 53,60 (54).

Tests of Between-Subjects Effects

Dependent Variable: sales

Source	Type III Sum of Squares	df	Mean Square	F	Sig.
Corrected Model	1281.300[a]	15	85.420	4.463	.000
Intercept	64223.812	1	64223.812	3355.785	.000
trademark	540.445	4	135.111	7.060	.000
quality	107.819	4	26.955	1.408	.252
trademark * quality	253.960	7	36.280	1.896	.101
Error	650.700	34	19.138		
Total	145580.000	50			
Corrected Total	1932.000	49			

a. R Squared = .663 (Adjusted R Squared = .515)

Le tableau ci-dessus présente les sorties relatives au modèle d'ANOVA factorielle que nous réalisons. Basé sur la valeur de signification dans Column of Sig, il affiche la valeur jusqu'à 0,000 <0,05. Cela signifie que le modèle est correct. Simultanément, les variables indépendantes de la marque et de la qualité du produit génèrent une contribution significative à la variable dépendante des ventes. Si nous voulons effectuer le test d'hypothèse, vous pouvez le faire comme suit.

L'effet simultané demarque etqualité des produits sur lesventes:

premières hypothèse

H0: La marque etqualité des produits ne donne pas contribution significative au chiffreaffaires

H1: La marque etqualité produits donnent contribution significative aux ventes

deuxième: utiliser les critères suivants

- Si la valeur de signification < 0,05, puis rejetez H0 et acceptez H1
- Si la valeur de signification > 0,05, acceptez H0 et rejetez H1

Troisième: prise de la décision comme suit

Puisque la valeur de signification du modèle corrigé est 0,000 < 0,05; puis rejetez H0 et acceptez H1. Cela signifie que la marque et la qualité du produit apportent une contribution significative aux ventes

L'effet individuel de la marque et de la qualité du produit sur les ventes

Si nous voulons voir plus loin dans la contribution de chaque variable indépendante à la variable dépendante, nous pouvons le voir à partir de la valeur de signification de chaque variable indépendante. Sur la base du résultat ci-dessus, la valeur de signification de la variable indépendante de la marque est 0,000, ce qui est inférieur à 0,05; tandis que la variable indépendante de la qualité du produit est 0,252, ce qui est supérieur à 0,05. Cela signifie que seule la variable indépendante de la marque qui génère une contribution significative à la variable dépendante des ventes, alors que la variable indépendante de la qualité du produit ne le fait pas.
Si nous voulons effectuer des tests d'hypothèses partielles, nous pouvons procéder comme suit:
Première hypothèse
H0: la marque ne contribue pas de manière significative aux ventes
H1: la marque apporte une contribution significative aux ventes
Utilisez les mêmes critères que ceux ci-dessus, nous pouvons tirer une conclusion comme suit : la valeur de signification de la variable indépendante de la marque est 0.000 < 0.05; en conséquence rejeter H0 et accepter H1. Cela signifie que la marque contribue de manière significative aux ventes.

Deuxième hypothèse
H0: la qualité du produit n'apporte pas de contribution significative aux ventes.
H1: la qualité du produit apporte une contribution significative aux ventes.
La valeur significative de la variable indépendante relative à la qualité du produit est de 0.252 > 0.05 ; en conséquence accepter H0 et rejeter H1. Cela signifie que la qualité du produit n'apporte pas une contribution significative aux ventes.

Effet de la combinaison entre les variables indépendantes de la marque et du produit sur la variable dépendante des ventes
La combinaison des variables indépendantes de la marque et du produit ne contribue pas non plus de manière significative à la variable liée aux ventes . Cela peut être vu par la valeur de signification jusqu'à 0,101 dans la rangée de marque de qualité * et la colonne Sig. Étant donné que la valeur de signification atteint 0,101 > 0,05, la combinaison des deux variables indépendantes ne génère donc pas une contribution significative à la variable dépendante des ventes.

La valeur du R carré (R^2)
R allant jusqu'à 0,663 correspond à la valeur de la variation de la variable dépendante du chiffre d'affaires pouvant être expliquée par les variables

indépendantes de la marque et du produit.

Multiple Comparisons

Dependent Variable: sales
Bonferroni

(I) trademark	(J) trademark	Mean Difference (I-J)	Std. Error	Sig.	95% Confidence Interval Lower Bound	95% Confidence Interval Upper Bound
Nokia	Black Berry	11.00*	1.956	.000	5.13	16.87
	Samsung	5.60	1.956	.071	-.27	11.47
	Oppo	10.70*	1.956	.000	4.83	16.57
	Apple	10.70*	1.956	.000	4.83	16.57
Black Berry	Nokia	-11.00*	1.956	.000	-16.87	-5.13
	Samsung	-5.40	1.956	.092	-11.27	.47
	Oppo	-.30	1.956	1.000	-6.17	5.57
	Apple	-.30	1.956	1.000	-6.17	5.57
Samsung	Nokia	-5.60	1.956	.071	-11.47	.27
	Black Berry	5.40	1.956	.092	-.47	11.27
	Oppo	5.10	1.956	.135	-.77	10.97
	Apple	5.10	1.956	.135	-.77	10.97
Oppo	Nokia	-10.70*	1.956	.000	-16.57	-4.83
	Black Berry	.30	1.956	1.000	-5.57	6.17
	Samsung	-5.10	1.956	.135	-10.97	.77
	Apple	.00	1.956	1.000	-5.87	5.87
Apple	Nokia	-10.70*	1.956	.000	-16.57	-4.83
	Black Berry	.30	1.956	1.000	-5.57	6.17
	Samsung	-5.10	1.956	.135	-10.97	.77
	Oppo	.00	1.956	1.000	-5.87	5.87

Based on observed means.
The error term is Mean Square(Error) = 19.138.
*. The mean difference is significant at the .05 level.

La sortie ci-dessus montre les valeurs de signification des différences moyennes entre les cinq marques de téléphone cellulaire. La disposition est la suivante: si la valeur de signification est inférieure à 0,05; alors la différence moyenne est significative. À l'inverse, si la valeur de signification est supérieure à 0,05, la différence moyenne n'est pas significative. Pour faire comprendre l’essai, IBM SPSS attribue un signe astérisque (*) à la différence significative. Voyons le contraste de la première ligne entre les cinq marques.

- Nokia vs Black Berry: la valeur de signification de la différence moyenne est 0.000 < 0.05. Cela signifie que la différence moyenne entre ces deux marques est significative.
- Nokia vs Samsung: la valeur de signification de la différence moyenne est 0.071 > 0.05. Cela signifie que la différence moyenne entre ces deux marques n'est pas significative
- Nokia vs Oppo: la valeur de signification de la différence moyenne est 0,000 < 0,05. Cela signifie que la différence moyenne entre ces deux marques est significative
- Nokia vs Apple: la valeur de signification de la différence moyenne est 0,000 < 0,05. Cela signifie que la différence moyenne entre ces deux marques est importante.

6.4 Des exercices

Les données suivantes montrent les variables indépendantes du sexe et de la durée du travail, ainsi que la variable dépendante du revenu. Effectuez une analyse à l'aide de l'ANOVA factorielle pour voir l'importance des hommes (1) et des femmes (2), ce qui entraînera des différences significatives dans la moyenne des revenus.

nombre	genre	longueur de travail	renenus
1	1	4	9
2	1	5	10
3	1	4	11
4	1	5	12
5	1	6	9
6	1	7	8
7	1	6	9
8	1	5	7
9	1	6	8
10	1	7	9
11	2	5	10
12	2	6	11
13	2	4	12
14	2	5	8
15	2	6	9
16	2	7	8
17	2	5	10
18	2	6	11
19	2	4	7
20	2	5	6

CHAPITRE VII

ANALYSE MULTIPLE DE DISCRIMINANTE

Dans cette section, nous allons apprendre à utiliser une procédure d'analyse discriminante comportant les éléments suivants.

- Comprendretermesbase qui sont souvent utilisés dans plusieurs analyse discriminante
- Recourir multiples analyse discriminante dansanalyse des données
- Interprétez résultatsanalyse

7.1 Termes de base

Certains termes de base en analyse discriminante multiple comprennent:

- **Poids discriminante:** poids de la grandeur liée au pouvoir discriminant des variables indépendantes dans une variable dépendante. Plus cette valeur est grande, plus le pouvoir de différenciation est fort, et inversement, si la valeur est faible, le pouvoir est faible. Cette valeur est également appelée coefficient discriminant.
- **La fonction discriminante: la** variation des variables indépendantes résultait de la force du critère sélectionné utilisé pour prédire l'appartenance à un groupe. La valeur de la fonction discriminante est appelée la valeur de prédiction de Z discriminant.
- **Charges discriminantes:** mesure de la corrélation linéaire simple entre chaque variable et la valeur de Z pour chaque fonction discriminante, également appelée corrélation de structure.
- **La valeur discriminante Z**: la valeur définie par la fonction discriminante pour chaque objet dans l'analyse des termes couramment exprimés en tant que normalisation.
- **Encadré M:** vérification statistique de la similarité de la matrice covariante des variables indépendantes dans une variable dépendante.
- **Centroïde:** la moyenne des valeurs Z discriminantes dans tous les objets d'une catégorie ou d'un groupe spécifique.
- **Variante:** combinaison linéaire de deux variables indépendantes ou plus qui compromettent la fonction discriminante
- **Lambda de Wilk**: la valeur va de 0 à 1 avec la disposition suivante: si la valeur est proche de 1, la moyenne du groupe est identique et non significative;

lorsque la valeur est proche de 0, la moyenne du groupe est différente et significative.

- **Valeurs propres:** le coefficient de corrélation canonique au carré estimation de la quantité de variant divisée entre chaque variable canonique à partir des variables indépendantes et dépendantes également appelées valeurs propres
- **Mahalanobis Distance: mesure de distance proposée par** Mahalanobis sur la base d'une corrélation entre les variables où les différences de modèles peuvent être identifiées et analysées.

7.2 Échantillon de l'affaire

Dans cette étude, nous souhaitons voir le fonctionnement discriminant de 30 personnes divisées en deux groupes en fonction de leur décision d'achat. Un groupe comprend les personnes qui décident d'acheter un produit donné et un autre groupe, les personnes qui décident de ne pas acheter le produit en tenant compte de l'éducation, du numéro de famille, de l'âge du chef de famille et du revenu mensuel.

nombre	achat	éducation	famille	âge	revenu
1	1	12	4	44	51
2	1	16	4	61	70
3	1	18	6	52	63
4	1	22	5	36	49
5	1	20	4	55	53
6	1	19	5	68	75
7	1	12	3	62	46
8	1	12	6	51	57
9	1	12	4	57	64
10	1	16	5	45	68
11	1	15	5	44	73
12	1	15	4	64	72
13	1	14	6	54	56
14	1	16	3	56	49
15	1	16	2	58	62
16	0	20	3	58	32
17	0	22	2	55	36
18	0	20	2	57	43
19	0	21	4	37	50
20	0	18	3	42	44
21	0	19	2	45	38
22	0	20	2	57	55
23	0	21	3	51	46
24	0	22	5	64	35
25	0	20	4	54	37
26	0	21	3	56	42
27	0	21	2	36	57
28	0	16	2	50	33
29	0	17	3	48	38
30	0	18	2	42	41

Pour terminer le problème cidessus, on peut utiliser les étapes suivantes.

Premièrement: formuler le problème de recherche.

- Quels facteurs affectent chaque groupe?

- Existe-t-il des différences significatives entre le premier et le deuxième groupe?

Deuxièmement: créer une conception de variable

Troisième: entrez des données.

Quatrième: analyser les données.
Pour effectuer l'analyse, procédez comme suit:

- Sélectionnez **Analyser.**
- **Classification**, sous-menu **Discriminant**
- Déplacez une variable d' **achat** dans la **Variable de regroupement** colonne, puis cliquez sur **Définir une plage**. Remplissez la valeur 0 dans la **Minimum** colonneet 1 dans la **Maximum.** colonne
- Déplacez les variables**telles que l'éducation, la famille, l'âge** et le **revenu** dans la **Indépendants.** colonne
- Sélectionnez **Statistiques** et activez l'option **Unovariate's Anova** et **Box's M**, puis cliquez sur **Continuer.**
- Cliquez sur **OK.**

Le résultat et l'interprétation sont les suivants.

Analysetraitementdemandes Résumé

Unweighted Cases		N	Percent
Valid		30	100,0
	Missing or out-of-range group codes	0	,0
	At least one missing discriminating variable	0	,0
Excluded	Both missing or out-of-range group codes and at least one missing discriminating variable	0	,0
	Total	0	,0
Total		30	100,0

Le tableau ci-dessus indique le nombre de cas ayant été traités. Il y a 30 cas valides ou 100%.

Group Statistics

Purchasing Decision		Valid N (listwise)	
		Unweighted	Weighted
don't buy	Length of Education	15	15.000
	Number of Family	15	15.000
	age of the family head	15	15.000
	Monthly Income in million	15	15.000
buy	Length of Education	15	15.000
	Number of Family	15	15.000
	age of the family head	15	15.000
	Monthly Income in million	15	15.000
Total	Length of Education	30	30.000
	Number of Family	30	30.000
	age of the family head	30	30.000
	Monthly Income in million	30	30.000

Le tableau ci-dessus montre les statistiques par groupe de discussion de la division des deux groupes. , à savoir le "groupe d'achat" et le "groupe ne pas acheter". Chacun des groupes contient 15 cas. Le total est de 30 cas.

.

Tests of Equality of Group Means

	Wilks' Lambda	F	df1	df2	Sig.
Length of Education	.590	19.482	1	28	.000
Number of Family	.625	16.800	1	28	.000
age of the family head	.952	1.402	1	28	.246
Monthly Income in million	.449	34.353	1	28	.000

Sur la base du résultat ci-dessus du test d'égalité des moyennes de groupe, nous savons qu'il existe 3 variables indépendantes qui sont significatives, à savoir la longueur de l'éducation, le nombre de familles et le revenu mensuel en millions. Leurs valeurs significatives sont 0,000 <0,05. Bien que l'âge du chef de famille ne soit pas significatif car sa valeur significative peut aller jusqu'à 0,246> 0,05. Il n'existe donc que des facteurs importants pour déterminer les groupes «acheter» et «ne pas acheter»

Test Results

Box's M		22.121
	Approx.	1.867
F	df1	10
	df2	3748.207
	Sig.	.045

Teste l'hypothèse nulle de matrices de covariance de population égales

D'après les résultats ci-dessus, les matrices de covariance indiquent que le niveau de signification de la ligne Sig est 0,045, ce qui est inférieur à 0,05. Ainsi, les matrices de covariance parmi les groupes ne sont pas égales.

Eigenvalues

Function	Eigenvalue	% of Variance	Cumulative %	Canonical Correlation
1	3.127[a]	100.0	100.0	.870

a. 1 premières fonctions discriminantes canoniques ont été utilisées dans l'analyse.

La corrélation entre la décision d'achat et la durée des études, le nombre de familles, le revenu mensuel en millions et l'âge du chef de famille est de 0,870. Cela montre la forte corrélation entre la décision d'achat et la durée des études, le nombre de familles, le revenu mensuel en millions ainsi que l'âge du chef de famille.

Wilks' Lambda

Test of Function(s)	Wilks' Lambda	Chi-square	df	Sig.
1	.242	36.857	4	.000

Le niveau de signification de lambda de Wilks est 0,000 qui est inférieure à 0,05. Ces valeurs montrent qu'il existe une différence significative entre les deux groupes que nous formons.

Standardized Canonical Discriminant Function Coefficients

	Function
	1
Length of Education	-.657
Number of Family	.544
age of the family head	.194
Monthly Income in million	.682

Cette sortie montre les coefficients de fonction discriminante canoniques normalisés des variables indépendantes. Les coefficients normalisés de la fonction discriminante canonique sont les suivants: 1) -0,657 pour la variable Durée de la scolarité; 2) 0,544 pour la variable Nombre de famille; 0,194 pour l'âge du chef de famille et 0,682 pour le revenu mensuel en millions. Ces coefficients montrent la contribution respective des variables indépendantes à la variable dépendante.

Structure Matrix

	Function
	1
Monthly Income in million	.626
Length of Education	-.472
Number of Family	.438
age of the family head	.127

au sein de groupes entre variables discriminantes et fonctions discriminantes canoniques normalisées
Variables ordonnées par taille absolue de corrélation au sein de la fonction .

La sortie ci-dessus nous parle de la corrélation entre les variables indépendantes discriminantes et les fonctions discriminantes canoniques normalisées. La corrélation va de faible (0,127) à forte (0,626)

Functions at Group Centroids

Purchasin	Function

g Decision	1
don't buy Buy	-1.708 1.708

Fonctions discriminantes canoniquesnormalisées évaluées en moyennes de groupe

La sortie ci-dessus montre les moyennes de groupe des deux groupes, à savoir le groupe "acheter" en a 1,708, et le groupe "don" t buy "groupe a -1,708

Une fois la première analyse effectuée, l'étape suivante consiste à effectuer une analyse plus poussée en procédant comme suit.

- **Analyser > Classer > Destinataire**
- Déplacez la variable de décision d'achat sur Variable de **regroupement**
- Définissez la plage: entrez 0 au **minimum** et 1 au **maximum** > **Continuer**
- Déplacez les variables indépendantes de Revenu mensuel, Durée de la formation, Âge du chef de famille et Nombre de famille vers **Indépendants colonne**
- Activation de la commande "**Utiliser la méthode pas à pas**"
- Choisir **Statistiques**: cocher (v) dans **Descriptives, Moyens** et **Fonction Coefficient** pour **lesde Fisher** et non **optionsstandard** > **Continuer**.
- Sélectionnez **méthode:**vérifier à **distanceMahalanobis** et **utilisation Probabilité de F** > **Continuer**
- Sélectionner une **classification**: dans l' **affichage**, Vérifier les **résultats d'** et **autorisationslaisser la classification de One Out** > **Continuer,**
- **OK**

Les résultats du calcul et de l'interprétation sont les suivants:

Analysis Case Processing Summary

Unweighted Cases		N	Percent
Valid		30	100.0
Excluded	Missing or out-of-range group codes	0	.0
	At least one missing discriminating variable	0	.0
	Both missing or out-of-range group codes and at least one missing discriminating variable	0	.0
	Total	0	.0
Total		30	100.0

Le résultat ci-dessus concerne le résumé du traitement des cas d'analyse indiquant le nombre de cas à traiter, soit 30 cas.

.

Group Statistics

Purchasing Decision		Mean	Std. Deviation	Valid N (listwise)	
				Unweighted	Weighted
don't buy	Length of Education	19.73	1.792	15	15.000
	Number of Family	2.80	.941	15	15.000
	age of the family head	50.13	8.271	15	15.000
	Monthly Income in million	41.91	7.551	15	15.000
buy	Length of Education	15.67	3.086	15	15.000
	Number of Family	4.40	1.183	15	15.000
	age of the family head	53.80	8.687	15	15.000
	Monthly Income in million	60.59	9.759	15	15.000
Total	Length of Education	17.70	3.229	30	30.000
	Number of Family	3.60	1.329	30	30.000
	age of the family head	51.97	8.540	30	30.000
	Monthly Income in million	51.25	12.794	30	30.000

Les statistiques de groupe ci-dessus décrivent l'écart moyen et l'écart type des deux groupes:

- Le groupe «ne pas acheter»:
    - la durée de l'éducation: la moyenne est de 19,73 et l'écart type est de 1,792. L'écart-type est inférieur à la moyenne. Cela montre un bon modèle. Plus l'écart type est petit, meilleur est le modèle. Le reste des autres variables a la même interprétation.
- Le groupe «acheter»:

  La durée de la scolarité: la moyenne est de 15,67 et l'écart-type est de 3,086. L'écart-type est inférieur à la moyenne. Cela montre un bon modèle. Plus l'écart type est petit, meilleur est le modèle. Le reste des autres variables a la même interprétation.

Variables Entered/Removed[a,b,c,d]

Step	Entered	Min. D Squared					
		Statistic	Between Groups	Exact F			
				Statistic	df1	df2	Sig.
1	Monthly Income in million	4.580	don't buy and buy	34.353	1	28.000	2.661E-006
2	Length of Education	8.123	don't buy and buy	29.373	2	27.000	1.679E-007
3	Number of Family	11.240	don't buy and buy	26.092	3	26.000	5.280E-008

At each step, the variable that maximizes the Mahalanobis distance between the two closest groups is entered.

a. Maximum number of steps is 8.

b. Maximum significance of F to enter is .05.

c. Minimum significance of F to remove is .10.

d. F level, tolerance, or VIN insufficient for further computation.

La sortie ci-dessus montre la méthode de saisie de la variable indépendante basée sur la distance de Mahalanobis. La première variable traitée est le revenu mensuel en millions, la seconde est la durée de la scolarité; et le dernier est Nombre de famille. L'âge du chef de famille est supprimé car cette variable n'est pas significative d'après la première analyse..

Variables in the Analysis

Step		Tolerance	Sig. of F to Remove	Min. D Squared	Between Groups
1	Monthly Income in million	1.000	.000		
2	Monthly Income in million	.986	.000	2.598	don't buy and buy
	Length of Education	.986	.002	4.580	don't buy and buy
3	Monthly Income in million	.985	.001	5.955	don't buy and buy
	Length of Education	.952	.002	6.513	don't buy and buy
	Number of Family	.964	.015	8.123	don't buy and buy

Les variables du résultat de l'analyse montrent les valeurs de signification des trois variables indépendantes traitées, à savoir le revenu mensuel en millions, la durée de scolarité et le nombre de familles dont les valeurs de signification sont inférieures à 0,05.

Variables Not in the Analysis

Step		Tolerance	Min. Tolerance	Sig. of F to Enter	Min. D Squared	Between Groups
0	Length of Education	1.000	1.000	.000	2.598	don't buy and buy
	Number of Family	1.000	1.000	.000	2.240	don't buy and buy
	age of the family head	1.000	1.000	.246	.187	don't buy and buy
	Monthly Income in million	1.000	1.000	.000	4.580	don't buy and buy
1	Length of Education	.986	.986	.002	8.123	don't buy and buy
	Number of Family	.997	.997	.019	6.513	don't buy and buy
	age of the family head	.999	.999	.391	4.815	don't buy and buy
2	Number of Family	.964	.952	.015	11.240	don't buy and buy
	age of the family head	.999	.985	.468	8.371	don't buy and buy
3	age of the family head	.991	.952	.402	11.674	don't buy and buy

Les variables qui ne figurent pas dans la sortie d'analyse montrent les valeurs de signification de la variable indépendante de l'âge de la famille, qui est supérieure à 0,05.

Wilks' Lambda

Step	Number of Variables	Lambda	df1	df2	df3	Exact F			
						Statistic	df1	df2	Sig.
1	1	.449	1	1	28	34.353	1	28.000	.000
2	2	.315	2	1	28	29.373	2	27.000	.000
3	3	.249	3	1	28	26.092	3	26.000	.000

La sortie Wilk 'Lambda affiche les valeurs de signification jusqu'à 0,000 <0,05. Cela prouve que les moyennes des 3 variables indépendantes présentent des différences significatives.

Eigenvalues

Function	Eigenvalue	% of Variance	Cumulative %	Canonical Correlation
1	3.011[a]	100.0	100.0	.866

a. First 1 canonical discriminant functions were used in the analysis.

La sortie des valeurs propres montre la valeur de la corrélation canonique au carré jusqu'à 0,866, ce qui signifie que la variance partagée par chaque variable indépendante et dépendante.

Wilks' Lambda

Test of Function(s)	Wilks' Lambda	Chi-square	Df	Sig.
1	.249	36.807	3	.000

La sortie Wilk 'Lambda affiche les valeurs de signification jusqu'à 0,000 <0,05. Cela montre que la différence entre les valeurs moyennes est significative.

Standardized Canonical Discriminant Function Coefficients

	Function
	1
Length of Education	-.665
Number of Family	.536
Monthly Income in million	.691

Le tableau ci-dessus présente les coefficients normalisés de la fonction discriminante canonique. Le revenu mensuel en millions obtient le coefficient le plus élevé (0,691); la deuxième est la durée de la scolarité (-0,665) et la troisième est le nombre de familles (0,536). Plus la valeur est élevée, plus la fonction discriminante est forte. (Remarque: la valeur négative correspond au sens de l'association entre la variable indépendante et la variable dépendante. Elle ne représente pas le montant négatif.)

Structure Matrix

	Function
	1
Monthly Income in million	.638
Length of Education	-.481
Number of Family	.446
age of the family head[a]	-.067

Groupement des corrélations intra-groupes entre les variables discriminantes et les fonctions discriminantes canoniques normalisées
Variables ordonnées par la taille absolue de la corrélation au sein de la fonction.
une. Cette variable n'est pas utilisée dans l'analyse.
La sortie ci-dessus nous parle de la corrélation entre les variables indépendantes discriminantes et les fonctions discriminantes canoniques normalisées.
Le revenu mensuel en millions obtient le coefficient de corrélation le plus élevé (0,638); la deuxième est la durée de la scolarité (0,481) et la troisième est le nombre de familles (0,446).

Functions at Group Centroids

Purchasing Decision	Function
	1
don't buy	-1.676
Buy	1.676

Unstandardized canonical discriminant functions evaluated at group means

La sortie ci-dessus montre les moyennes de groupe des deux groupes, à savoir le groupe «acheter» a 1.676 et le groupe «ne pas acheter» a -1,676.

Classification Processing Summary

Processed		30
Excluded	Missing or out-of-range group codes	0
	At least one missing discriminating variable	0
Used in Output		30

Ce récapitulatif du traitement de la classification indique le nombre de cas à traiter. Tous les cas jusqu'à 30 ont été traités.

Prior Probabilities for Groups

Purchasing Decision	Prior	Cases Used in Analysis	
		Unweighted	Weighted
don't buy	.500	15	15.000
Buy	.500	15	15.000
Total	1.000	30	30.000

La probabilité préalable pour les groupes explique la probabilité pour chaque groupe. La probabilité du groupe «acheter» est de 0,5 et la probabilité du groupe «ne pas acheter» est de 0,5. Le total de probabilité est 1. (remarque: la valeur de probabilité est ≤ 1).

Classification Function Coefficients

	Purchasing Decision	
	don't buy	Buy
Length of Education	2.834	1.951
Number of Family	1.008	2.690
Monthly Income in million	.446	.711
(Constant)	-39.413	-43.448

Fisher's linear discriminant functions

Les coefficients de la fonction de classification expliquent la fonction discriminante linéaire des deux groupes. Le coefficient de la fonction de classification de la variable de la durée de l'éducation est 2,834 pour le groupe «ne pas acheter» qui est supérieur à 1,951 dans le groupe «acheter». Cela signifie que cette variable indépendante est un facteur déterminant plus fort pour le premier groupe que pour le second. Cela s'applique également aux deux autres variables indépendantes.

Casewise Statistics

Case Number	Actual Group	Highest Group				Sq D
		Predicted Group	P(D>d | G=g)		P(G=g | D=d)	
			p	df		
1	1	1	.983	1	.997	
2	1	1	.631	1	.999	
3	1	1	.710	1	.999	
4	1	0**	.304	1	.898	
5	1	0**	.166	1	.726	

Les statistiques relatives aux cas parlent du groupe réel et du groupe prédit. Le groupe réel est le groupe basé sur les valeurs d'observation tandis que le groupe prévu est basé sur les valeurs prédites. Nous prenons juste 5 cas comme échantillons. L'interprétation est la suivante:

- Le premier cas: la valeur réelle est 1 (le groupe "acheter"). La valeur prédite est 1. Cela signifie que le premier cas appartient en premier au groupe d'achat et qu'il est prévu qu'il appartienne toujours au même groupe. La précision de la prévision est de 0,983 (98,3%). Cela s'applique aux deuxième et troisième cas.
- Le quatrième cas: la valeur réelle est 0 (le groupe «ne pas acheter»). La valeur prédite est 1. Cela signifie que le quatrième cas appartient d'abord au groupe «n'achetez pas» et qu'il est supposé évoluer dans le groupe «acheter» (le. L'exactitude de prédiction est de 0,304 (30,4%). Elle s'applique pour le cinquième cas aussi.

Classification Results[a,c]

		Purchasing Decision	Predicted Group Membership		Total
			don't buy	buy	
Original	Count	don't buy	15	0	15
		buy	3	12	15
	%	don't buy	100.0	.0	100.0
		buy	20.0	80.0	100.0
Cross-validated[b]	Count	don't buy	15	0	15
		buy	3	12	15
	%	don't buy	100.0	.0	100.0
		buy	20.0	80.0	100.0

a. 90.0% of original grouped cases correctly classified.
b. Cross validation is done only for those cases in the analysis. In cross validation, each case is classified by the functions derived from all cases other than that case.
c. 90.0% of cross-validated grouped cases correctly classified.

Les résultats de la classification expliquent le résumé de l'appartenance prévue au groupe. Il y a 15 cas dans le groupe «ne pas acheter». Le groupe réel et le groupe prévu sont identiques. Il y a 12 cas dans le groupe «acheter» parce que 3 cas passent du groupe «acheter» (groupe réel) au groupe «ne pas acheter» (groupe prédit).

7.3 Résumé

L'analyse discriminante décrit l'identification des facteurs de différence dans les groupes comparés dans la recherche et révèle également le niveau de signification des différences.

7.4 Concepts de base

- Discriminant
- Fonction discriminante
- Signification
- Les variantes.
- Matrice de covariance
- Le centroïde du groupe

7.5 exercices

Effectuer l'analyse discriminante sur les données suivantes. La satisfaction est une variable dépendante. Les variables indépendantes sont Fréquence d'achat, Nombre de produits à acheter, Âge et Revenu.

nombre	Satisfaction	Fréquence d'achat	Nombre de produits	Âge	Revenu
1	1	5	5	45	55
2	1	6	4	61	70
3	1	8	6	52	63
4	1	2	5	36	49
5	1	2	4	55	53
6	1	9	5	68	75
7	1	2	3	62	46
8	1	8	6	51	57
9	1	5	4	57	64
10	1	6	5	45	68
11	1	5	5	44	73
12	1	5	4	64	72
13	1	4	6	54	56
14	1	6	3	55	47
15	1	6	6	58	62
16	0	2	3	58	32
17	0	3	2	55	36
18	0	5	2	57	43
19	0	8	4	37	50
20	0	9	3	42	44
21	0	5	2	45	38
22	0	6	5	57	55
23	0	5	3	51	46
24	0	7	5	64	35
25	0	8	4	54	37
26	0	7	3	56	42
27	0	6	5	36	57
28	0	7	2	50	33
29	0	8	3	48	38
30	0	5	5	45	46

CHAPITRE VIII
PROCEDURE DE REGRESSION LOGISTIQUE

Dans cette section, nous allons apprendre à utiliser la procédure de régression logistique. Cette procédure comprendra les éléments suivants:

- Comprendre les termes de base utilisés dans la procédure d'analyse de régression logistique
- Appliquer la procédure d'analyse de régression logistique à l'analyse de données
- Interprétation des résultats d'analyse

8.1 Termes de base

Certains termes de base de la procédure d'analyse de régression logistique sont les suivants:

- Régression logistique: forme spéciale de régression dans laquelle la variable dépendante est non métrique / binaire / dichotomie
- Logistique: coefficient du modèle de régression logistique servant de facteur pondéré des variables indépendantes en conjonction avec le pouvoir de distinction.
- Valeur de similarité: mesure utilisée dans la régression logistique pour représenter un manque de pertinence de la prévision.
- Statistiques de Wald: test de la signification des coefficients dans la régression logistique. L'interprétation est égale à la valeur de F dans la régression linéaire
- Pseudo R^2: la valeur globale de la qualité de l'ajustement du modèle qui est similaire à la valeur de R^2 dans la régression multiple
- Journal de similarité: valeur dont la fonction est de vérifier si les variables indépendantes utilisées dans l'étude génèrent un ajustement correct du modèle en fonction des données.
- Test Hosmer - Lemeshow: test de la qualité de l'ajustement du modèle en régression logistique

8.2 Échantillon de l'affaire

Cette étude a pour objectif de déterminer si certains des facteurs suivants ont une incidence sur le comportement de la communauté en ce qui concerne le paiement de la taxe: 1) publicité dans les journaux, 2) bannières, 3) nombre de points de services, 4) nombre d'agents. Voici les données

La publicité	Bannière	Points de service	Les officiers	Attitude
13	5	3	9	1
11	6	4	9	0
12	7	5	9	1
15	8	5	9	0
16	9	4	9	0
12	10	3	9	1
13	9	5	9	0
17	8	5	9	0
11	7	5	8	1
14	6	5	8	1
14	5	4	8	1
12	11	4	8	0
14	10	4	8	0
29	9	3	8	1
28	8	3	9	1
27	7	4	9	1
28	6	4	9	1
29	7	5	9	0
24	8	5	9	1
23	9	4	9	0
20	10	6	9	0
22	9	6	3	1
23	8	3	8	0
21	7	3	8	1
29	6	5	8	1
19	5	5	8	0
26	6	4	8	1
27	7	4	8	0
18	7	3	9	1
19	8	5	9	0

Les étapes pour résoudre les problèmes sont les suivantes

Tout d'abord: créez la conception de **variable** dans la **vue variable** comme suit

Remarque: la manière de renseigner la variable d'échelle nominale dans la colonne Valeurs est la suivante:

- Double-cliquez sur la boîte de dialogue **Valeurs** jusqu'à ce que s'affiche.
- Veuillez entrer un chiffre "1" dans la case **Valeur** et le mot "obéissance" sur l' **étiquette de valeur,** puis cliquez sur Ajouter
- Entrez un nombre "0" dans la zone **Valeur** et le mot "désobéissance" dans l' **étiquette de valeur** , puis cliquez sur **Ajouter.**
- Cliquez sur **Continuer.**

Deuxième : entrer les données
Pour entrer des données, choisissez une commande **Vue de données** , puis entrez des données.

Troisièmement **: effectuez** l'analyse en procédant comme suit:

- **Analyse** > **Régression > Logistique binaire**
- Remplir la colonne **dépendante** avec "Attitude"
- Remplissez la colonne **Covariates** avec "ad", "banner", "serpo" et "officer"
- Sélectionnez **Options,** cochez (v) la sélection de la **qualité de l'ajustement Homer-Lemeshow,** puis appuyez sur **Continuer.**
- Sélectionnez la **méthode** avec **Enter**
- D'accord

Les résultats et l'interprétation sont les suivants:

Case Processing Summary

Unweighted Cases[a]		N	Percent
Selected Cases	Included in Analysis	30	100.0
	Missing Cases	0	.0
	Total	30	100.0
Unselected Cases		0	.0
Total		30	100.0

une. Si le poids est en vigueur, voir le tableau de classification pour le nombre total de cas.

La sortie récapitulative du traitement des cas nous informe sur les cas traités. Tous les cas, jusqu'à 30 ont été traités; et il n'y a pas de cas manquant.

Dependent Variable Encoding

Original Value	Internal Value
Disobedience	0
Obedience	1

Le codage de la variable dépendante concerne le codage numérique de l'attribut de la variable dépendante non métrique de l'attitude à l'égard de la taxe, qui a pour valeur 0 pour désobéissance et 1 pour obéissance.

Classification Table[a,b]

	Observed		Predicted		
			Attitude on Tax		Percentage Correct
			Disobedience	Obedience	
Step 0	Attitude on Tax	Disobedience	0	14	.0
		Obedience	0	16	100.0
	Overall Percentage				53.3

a. Constant is included in the model.
b. The cut value is .500

Le tableau de classification nous informe qu'il y a 16 cas pour l'obéissance et 14 cas pour la désobéissance.

Variables not in the Equation[a]

			Score	df	Sig.
Step 0	Variables	ad	3.952	1	.047
		banner	1.796	1	.180
		serpo	1.796	1	.180
		officer	1.249	1	.264

a. Residual Chi-Squares are not computed because of redundancies.

La sortie ci-dessus nous informe sur les valeurs de signification pour toutes les variables indépendantes comme suit:

- La valeur de signification de la variable indépendante de l'annonce est 0,047 <0,05. Cela signifie que cette variable indépendante de l'annonce affecte de manière significative la variable dépendante de l'attitude.
- La valeur de signification de la variable indépendante de la bannière est 0.180> 0.05. Cela signifie que cette variable indépendante de la bannière n'affecte pas la variable dépendante de l'attitude de manière significative.
- La valeur de signification de la variable indépendante Serpo est 0,180> 0,05. Cela signifie que cette variable indépendante de la bannière n'affecte pas la variable dépendante de l'attitude de manière significative.
- La valeur de signification de la variable indépendante de l'agent est 0.264> 0.05. Cela signifie que cette variable indépendante de l'agent n'a pas d'incidence significative sur la variable dépendante de l'attitude.

Omnibus Tests of Model Coefficients

		Chi-square	Df	Sig.
Step 1	Step	9.407	3	.024
	Block	9.407	3	.024
	Mode 1	9.407	3	.024

Les tests Omnibus des coefficients de modèle nous renseignent sur les valeurs de signification des coefficients. La valeur de signification est 0.024 < 0.05, ce qui signifie que les coefficients du modèle sont significatifs.

Model Summary

Step	-2 Log likelihood	Cox & Snell R Square	Nagelkerke R Square
1	32.049[a]	.269	.359

une. Estimation terminée à l'itération 5 car les estimations de paramètres ont changé de moins de 0,001.

Le résumé du modèle nous informe sur la valeur du carré R. Le carré R est égal à 0,359 (nous prenons la valeur du carré Nagelkerke R). Cela signifie que la variabilité de la variable dépendante de l'attitude peut être expliquée par les quatre variables indépendantes que nous avons sélectionnées dans le modèle.

Hosmer and Lemeshow Test

Step	Chi-square	Df	Sig.
1	13.375	8	.100

Le test de Hosmer et Lemeshow montre la valeur de signification du test sur modèle, à savoir 0,100 > 0,05. Cela signifie que notre modèle est réalisable. Le test d'hypothèse peut être effectué comme suit.

Hypothèse
H0: le modèle de régression logistique est réalisable
H1: le modèle de régression logistique n'est pas réalisable

Critères pour tester l'hypothèse

- Si la valeur de signification est < 0,05, rejetez H0 et acceptez H1.
- Si la valeur de signification est > 0,05, acceptez H0 et rejetez H1.

Décision
Étant donné que la valeur de signification peut atteindre 0,100> 0,05, acceptez H0 et rejetez H1. Cela signifie que le modèle de régression logistique que nous élaborons est réalisable.

Contingency Table for Hosmer and Lemeshow Test

		Attitude on Tax = Disobedience		Attitude on Tax = Obedience		Total
		Observed	Expected	Observed	Expected	
Step 1	1	3	2.625	0	.375	3
	2	3	3.091	1	.909	4
	3	3	2.092	0	.908	3
	4	1	1.929	2	1.071	3
	5	0	1.227	3	1.773	3
	6	0	.970	3	2.030	3
	7	2	.820	1	2.180	3
	8	2	.625	1	2.375	3
	9	0	.451	3	2.549	3
	10	0	.170	2	1.830	2

Le tableau de contingence ci-dessus montre les valeurs observées et attendues des attributs de la variable Attitude depedennt, à savoir désobéissance et obéissance.

Classification Table[a]

	Observed		Predicted		
			Attitude on Tax		Percentage Correct
			Disobedience	Obedience	
Step 1	Attitude on Tax	Disobedience	10	4	71.4
		Obedience	3	13	81.3
	Overall Percentage				76.7

a. The cut value is .500

Le tableau de classification ci-dessus montre le pourcentage global d'exactitude de la prédiction de la régression logistique effectuée. La précision est de 76,7%

Variables in the Equation

		B	S.E.	Wald	df	Sig.	Exp(B)
Step 1[a]	ad	-.604	.300	4.051	1	.044	.547
	banner	-.953	.561	2.889	1	.089	.385
	officer	-.724	.447	2.617	1	.106	.485
	Constant	14.889	6.018	6.122	1	.013	2926574.063

a. Variable(s) entered on step 1: ad, banner, officer.

Dans les variables de la sortie de l'équation, nous connaissons les coeffices de régression logistique comme suit.

- Le coefficient de régression de la variable indépendante de l'annonce est de -0,604 et sa valeur de signification est de 0,047 <0,05. Cela signifie que cette variable indépendante de l'annonce affecte la variable dépendante de l'attitude de manière significative et que le montant de l'effet est de -0,604.
- Le coefficient de régression de la variable indépendante Banner est égal à -0,953 et sa valeur de signification est 0,089> 0,05. Cela signifie que cette variable indépendante de la bannière n'affecte pas la variable dépendante de l'attitude de manière significative et que l'effet jusqu'à -0,953 n'est pas significatif.

- Le coefficient de régression de la variable indépendante Officer est de -0,724 et sa valeur de signification est de 0,106> 0,05. Cela signifie que cette variable indépendante de l'officier n'affecte pas la variable dépendante de l'attitude et que l'ampleur de l'effet, jusqu'à -0,724, n'est pas significative.

8.3 Résumé

La régression logistique est utilisée pour analyser la relation de plusieurs variables indépendantes de la métrique avec la variable dépendante catégorique / binaire.

8.4 Les concepts de base

- Méthode
- Test de qualité de l'ajustement
- Log Likehood
- Coefficients de régression logistique

8.5 exercices

Cette étude a pour objectif de déterminer si l'attitude vis-à-vis du paiement de l'impôt est influencée par des facteurs tels que: 1) la publicité du service public à la télévision, 2) l'appel à l'aide de bannières, 3) l'annonce dans le journal, 4) la supervision directe. Les données sont comme suit

Annonce télé	Charme	Publicité dans les journaux	Supervison	Impôt
32	6	4	3	0
30	5	4	4	1
29	3	6	5	0
32	5	5	3	1
34	4	4	3	0
30	1	6	3	1
31	3	5	4	1
32	5	7	4	0
29	4	5	3	0
41	6	9	5	1
43	5	4	5	0
45	1	8	6	1
46	3	4	4	0
26	6	6	5	0
25	4	3	4	1

25	5	7	5	1
23	3	4	5	0
25	4	7	7	0
35	3	5	7	1
34	5	6	5	0
39	6	6	5	1
38	5	7	6	0
37	4	3	7	1
43	3	9	8	1
49	5	5	9	1
50	4	7	7	0
35	7	4	8	0
38	8	7	9	1
39	3	8	dix	1
41	4	5	9	1

CHAPITRE IX

PROCÉDURE DE MANOVA

Dans cette section, nous allons apprendre à utiliser la procédure MANOVA. Cette procédure comprendra.

- Comprendre les termes de base utilisés MANOVA.
- Résoudre le cas en utilisant MANOVA.
- Interpréter les résultats d'analyse.

9.1 Termes de base

- Modèles linéaires généraux (GLM): une procédure d'estimation généralisée basée sur trois composantes, à savoir: 1) un variate formé par une combinaison linéaire des variables indépendantes, 2) une distribution de probabilité spécifiée par le chercheur sur la base des caractéristiques de la variable dépendante, 3) fonction de lien qui montre la relation entre les distributions de probabilité et variate

- Lambda de Wilk: l'un des principaux tests d'hypothèses vides statistiques dans la MANOVA et également connu comme critère de similarité maximale ou statistique U.
- Critère de Pillai: tester des différences multivariées similaires à celles de Wilk's Lambda
- La plus grande racine de Roy (ger): la valeur des statistiques pour le test d'hypothèses nulles dans MANOVA. La première fonction discriminante permet de tester la variable dépendante sur la capacité à voir la différence des groupes.
- R^2 de Hotelling : test visant à évaluer la signification statistique de la différence moyenne entre deux variables ou plus dans les deux groupes.
- Puissance: probabilité d'identification des effets du traitement lorsqu'un tel traitement est effectivement présent dans l'échantillon. La puissance est définie comme 1 - β. La puissance est déterminée en fonction du niveau de signification statistique (α) déterminé par le chercheur pour une erreur de type I, de la taille de l'échantillon utilisé dans l'analyse et de la taille de l'effet étudié.
- Test d'homogénéité: pengujian kesamaan varian
- Variable dépendante: variable mesurée en raison de l'effet de la variable indépendante

- Facteur (s) fixe (s): variable (s) indépendante (s) utilisée (s) en tant que facteur dont l'effet est mesuré vis-à-vis de la variable dépendante.
- Test de Levene: test d'hypothèse pour voir l'égalité de variance entre les groupes comparés.

9.2 Échantillon de Cas

Cette recherche permettra de comparer les ventes en espèces ainsi que le crédit entre les voitures Honda et Suzuki en utilisant 40 données de ventes. La formulation du problème à examiner consiste à savoir s'il existe une différence de chiffre d'affaires entre les deux marques de la voiture en espèces ou en crédit.

Marque déposée	En espèces	Crédit
1	50	61
1	45	63
1	48	64
1	36	65
1	39	66
1	41	60
1	42	59
1	35	59
1	60	58
1	55	57
1	47	59
1	36	57
1	33	54
1	38	52
1	49	44
1	51	46
1	35	50
1	42	47
1	40	48
1	39	45
2	33	66
2	32	56
2	37	55
2	35	54
2	42	48
2	41	57
2	43	55
2	45	53
2	41	52
2	40	60
2	31	50
2	33	55

2	36	54
2	39	53
2	38	52
2	35	51
2	32	49
2	29	48
2	40	47
2	43	46

Pour résoudre le problème, nous utilisons les étapes suivantes:

Premièrement : formuler le problème.

- Existe-t-il une différence entre les ventes au comptant de Honda et de Suzuki?
- Existe-t-il une différence entre les ventes à crédit des voitures Honda et Suzuki?

Deuxièmement : créer un design variable

.

Pour créer une conception de variable, sélectionnez la commande **Vue variable** :
*** **Remarque:** Pour remplir la variable d'échelle nominale dans la colonne Valeurs, procédez comme suit:

- Double-cliquez sur la boîte de dialogue **Valeurs** jusqu'à ce que s'affiche.
- Veuillez entrer un chiffre "1" dans la case **Valeur** et le mot "Honda" sur l' **étiquette de valeur,** puis cliquez sur Ajouter
- Entrez un nombre "2" dans la zone **Valeur** et le mot "Suzuki" dans l' **étiquette de valeur** , puis cliquez sur **Ajouter.**
- Cliquez sur **Continuer ..**

Troisième: entrer les données
Pour saisir des données, sélectionnez la commande **Affichage des données** .

Quatrième: effectuer une analyse

Pour effectuer l'analyse, les étapes sont les suivantes:

- **Analyse > Modèles linéaires généraux > Multivarié**
- Déplacer la variable "Ventes au comptant" et "Ventes à crédit" dans **les** colonnes **Variables dépendantes**
- Déplacez la variable de «marque de commerce» vers **facteur (s) fixe (s).**

- options: cochez (v) l'option **Estimation de la taille de l'effet, Statistiques descriptives** et **Tests d'homogénéité** , puis appuyez sur **Continuer.**
- Cliquez sur **OK**

Les résultats et l'interprétation sont les suivants:

Between-Subjects Factors

		Value Label	N
Car Trademark	1	Honda	20
	2	Suzuki	20

Les facteurs inter-sujets indiquent le nombre de cas analysés, à savoir 20 cas pour Honda et 20 autres pour Suzuki. Le total est de 40.

Descriptive Statistics

	Car Trademark	Mean	Std. Deviation	N
Cash sales	Honda	43.05	7.345	20
	Suzuki	37.25	4.621	20
	Total	40.15	6.731	40
Credit sales	Honda	55.70	7.005	20
	Suzuki	53.05	4.718	20
	Total	54.38	6.046	40

La sortie de statistiques descriptives nous informe sur les valeurs moyennes des variables dépendantes comme suit:

- Les ventes au comptant de Honda sont de 43,05 avec un écart-type égal à 7,345.
- Les ventes au comptant de Suzuki sont de 37,25 avec un écart-type égal à 4,621.
- Le total des ventes au comptant est de 55,70 avec un écart-type pouvant atteindre 6,731.
- Les ventes à crédit de Honda sont de 55,70 avec un écart-type pouvant atteindre 7,005.
- Les ventes à crédit de Suzuki sont de 53,05 avec un écart-type pouvant atteindre 4,718.
- Le total des ventes à crédit est de 54,38 avec un écart-type pouvant atteindre 6,046.

Box's Test of Equality of

Covariance Matrices[a]

Box's M	6.983
F	2.195
df1	3
df2	259920.000
Sig.	.086

Teste l'hypothèse nulle selon laquelle les matrices de covariance observées des variables dépendantes sont égales entre les groupes.

une. Design: Intercept + marque

D'après les résultats ci-dessus, les matrices de covariance indiquent que le niveau de signification de la ligne Sig est 0,086, ce qui est supérieur à 0,05. Ainsi, les matrices de covariance parmi les groupes sont égales.

Multivariate Tests[a]

Effect		Value	F	Hypothesis df	Error df	Sig.	Partial Eta Squared
Intercept	Pillai's Trace	.993	2485.501[b]	2.000	37.000	.000	.993
	Wilks' Lambda	.007	2485.501[b]	2.000	37.000	.000	.993
	Hotelling's Trace	134.351	2485.501[b]	2.000	37.000	.000	.993
	Roy's Largest Root	134.351	2485.501[b]	2.000	37.000	.000	.993
trademark	Pillai's Trace	.225	5.374[b]	2.000	37.000	.009	.225
	Wilks' Lambda	.775	5.374[b]	2.000	37.000	.009	.225
	Hotelling's Trace	.291	5.374[b]	2.000	37.000	.009	.225
	Roy's Largest Root	.291	5.374[b]	2.000	37.000	.009	.225

a. Design: Intercept + trademark

b. Exact statistic

Les tests multivariés indiquent la faisabilité du modèle. Basé sur la valeur de signification de la variable de marque jusqu'à 0,009 <0,05 et l'interception jusqu'à 0,000 <0,05; on peut donc dire que le modèle est réalisable. Nous pouvons faire des tests d'hypothèses comme suit:

H0: la marque n'affecte pas les ventes au comptant et à crédit

H1: la marque affecte considérablement les ventes au comptant et à crédit

Critères pour tester l'hypothèse

- Si la valeur de signification est < 0,05, rejetez H0 et acceptez H1.
- Si la valeur de signification est > 0,05, acceptez H0 et rejetez H1.

Décision

La valeur de signification pouvant atteindre 0,000 et 0,009 <0,05, rejetez H0 et acceptez H1. La conclusion est que la marque affecte considérablement les ventes au comptant et à crédit.

La conclusion est que la marque affecte les ventes au comptant et les ventes à crédit jusqu'à 0,225 (valeur partielle en carré).

Levene's Test of Equality of Error Variances[a]

	F	df1	df2	Sig.
Cash sales	4.404	1	38	.043
Credit sales	5.874	1	38	.020

Tests the null hypothesis that the error variance of the dependent variable is equal across groups.
a. Design: Intercept + trademark

Le test de Levene sur l'égalité des écarts d'erreur montre les valeurs de signification des ventes au comptant et des ventes à crédit. La valeur significative des ventes au comptant est de 0,043 et la valeur significative des ventes à crédit est de 0,020. Les deux d'entre eux est inférieur à 0,05. Le test d'hypothèse pour le test de Levene est le suivant:
H0: la variance d'erreur pour les ventes au comptant et les ventes à crédit est la même
H1: la variance d'erreur pour les ventes au comptant et les ventes à crédit n'est pas la même

Critères pour tester l'hypothèse

- Si la valeur de signification est < 0,05, rejetez H0 et acceptez H1.
- Si la valeur de signification est > 0,05, acceptez H0 et rejetez H1.

Décision
Étant donné que les valeurs d'importance des ventes au comptant et des ventes à crédit sont inférieures à 0,05; puis ensuite rejeter H0 et accepter H1. Ainsi, la variance d'erreur pour les ventes au comptant et les ventes à crédit n'est pas la même. Notes: bien que le résultat de ces tests prouve que cela ne peut pas satisfaire à l'exigence d'égalité de variance. Dans le test M de Box, le résultat montre que les matrices de variance sont égales. Nous avons donc satisfait à l'une des exigences applicables.

Tests of Between-Subjects Effects

Source	Dependent Variable	Type III Sum of Squares	df	Mean Square	F	Sig.	Partial Eta Squared
Corrected Model	Cash sales	336.400[a]	1	336.400	8.935	.005	.190
	Credit sales	70.225[b]	1	70.225	1.969	.169	.049
Intercept	Cash sales	64480.900	1	64480.900	1712.640	.000	.978
	Credit sales	118265.625	1	118265.625	3316.307	.000	.989
trademark	Cash sales	336.400	1	336.400	8.935	.005	.190
	Credit sales	70.225	1	70.225	1.969	.169	.049
Error	Cash sales	1430.700	38	37.650			
	Credit sales	1355.150	38	35.662			
Total	Cash sales	66248.000	40				
	Credit sales	119691.000	40				
Corrected Total	Cash sales	1767.100	39				
	Credit sales	1425.375	39				

a. R Squared = .190 (Adjusted R Squared = .169)
b. R Squared = .049 (Adjusted R Squared = .024)

Les tests des effets entre les sujets indiquent les valeurs de signification de la variable dépendante individuelle. La valeur significative des ventes au comptant est de 0,005 et La valeur significative des ventes à crédit est de 0,169. Nous pouvons effectuer le test d'hypothèse individuellement comme suit.

Première hypothèse
H0: la marque n'affecte pas les ventes au comptant de manière significative
H1: la marque affecte considérablement les ventes au comptant

Critères pour tester l'hypothèse

- Si la valeur de signification est < 0,05, rejetez H0 et acceptez H1.
- Si la valeur de signification est > 0,05, acceptez H0 et rejetez H1.

Deuxieme hypothèse
H0: la marque n'affecte pas les ventes a credit de maniere significative
H1: la marque affecte les ventes a credit de maniere significative

Critères pour tester l'hypothèse

- Si la valeur de signification est < 0,05, rejetez H0 et acceptez H1.
- Si la valeur de signification est > 0,05, acceptez H0 et rejetez H1.

Décision
Puisque la valeur de signification jusqu'à 0,005 est < 0,05; puis rejetez H0 et acceptez H1. Ainsi, la marque affecte les ventes au comptant de manière significative

Deuxième hypothèse
H0: la marque n'affecte pas les ventes à crédit de manière significative
H1: la marque affecte les ventes à crédit de manière significative

Critères pour tester l'hypothèse

- Si la valeur de signification est < 0,05, rejetez H0 et acceptez H1.
- Si la valeur de signification est > 0,05, acceptez H0 et rejetez H1.

Décision
Étant donné que la valeur de signification jusqu'à 0,169 > 0,05; puis accepter H0 et rejeter H1. Ainsi, la marque n'affecte pas les ventes à crédit de manière significative

La conclusion est que:

- la marque affecte considérablement les ventes au comptant. Le nombre partiel eta carré égal à 0,190 est le montant de l'effet de la marque sur les ventes au comptant. Cet effet est significatif.

- la marque n'affecte pas les ventes à crédit de manière significative. Le pas et carré partiel égal à 0,049 est le montant de l'effet de la marque sur les ventes à crédit. Cet effet n'est pas significatif

9.4 Concepts de base

- Variance
- Covariance
- Importance
- Test d'homogénéité
- Test de Levene
- Trace, Pillai's
- Wilda 'Lambda
- La trace de Hotelling
- La plus grande racine de Roy

9.5 Des exercices

L'objectif de cette recherche est de comparer les ventes en ligne et hors ligne entre Samsung et Apple en utilisant des données pouvant atteindre 50 résultats de vente de la marque de téléphone cellulaire. Le problème est de savoir s'il existe une différence de ventes en ligne et hors ligne entre les deux marques de téléphones cellulaires.

marque déposée	vente en ligne	ventes hors ligne
1	51	62
1	46	60
1	48	64
1	37	65
1	35	66
1	45	61
1	44	59
1	37	59
1	61	57
1	58	57
1	49	54
1	39	57
1	33	54
1	38	55
1	49	47
1	54	46
1	35	50
1	45	47
1	40	48
1	39	44
1	36	66
1	32	58
1	37	55
1	39	55
1	42	49
2	45	57
2	43	55
2	45	58
2	48	54
2	47	61
2	33	52
2	33	55
2	36	54
2	39	53
2	38	53
2	37	52
2	35	47
2	39	48
2	41	49
2	45	46
2	47	48
2	45	49
2	46	45
2	48	47

2	49	48
2	49	45
2	50	36
2	52	42
2	54	40
2	52	42

CHAPITRE X

PROCEDURE D'ANALYSE DE GROUPES

Dans cette section, nous allons apprendre à utiliser la procédure d'analyse de cluster. Cette procédure comprendra les éléments suivants:

- Comprendre les termes de base utilisés dans la procédure d'analyse de cluster
- Résoudre le cas dans la recherche en utilisant la procédure d'analyse par grappes
- Interpréter les résultats d'analyse

10.1 Conditions de base

- **K Algorithme de cluster moyen:** groupe d'algorithme de cluster non hiérarchique qui divise l'observation en plusieurs observations plus petites, à savoir un cluster déterminé par le chercheur, puis utilise une observation itérative plus longue jusqu'à ce que des objectifs numériques spécifiques reliant les différences de cluster aient été définis. a trouvé.
- **Centroïde de cluster:** la moyenne des objets existant dans un cluster de toutes les variables de la variable de cluster
- **Variable de cluster:** ensemble de variables ou de caractéristiques représentant les objets qui seront divisés en plusieurs clusters et utilisé pour calculer la similarité entre les objets.
- **Objet:** un humain, un produit ou un service, une entreprise ou toute entité pouvant être évaluée à l'aide de plusieurs attributs.
- **Similarité interobjet:** relation entre deux objets basés sur la variable de cluster de variables. Les similitudes peuvent être mesurées de deux manières, à savoir: premièrement, en utilisant la mesure de l'association indiquant si un coefficient de corrélation positif a été produit, le niveau de similarité est élevé; deuxième basé sur la proximité entre deux objets
- **Distance euclidienne:** les mesures pour similaritas entre les deux objets. Mesures sous forme de mesure de la longueur d'une ligne droite entre deux objets si elle se manifeste sous forme de graphiques.

10.2 Échantillon de l'affaire

Un responsable de supermarché effectue une recherche pour classer les personnes qui viennent souvent au supermarché pour faire leurs courses. Les visiteurs sont invités à répondre à la question et à exprimer leurs opinions sous la forme d'une échelle d'échelle allant du désaccord à l'accord.
Les déclarations sont les suivantes: premièrement: le shopping est amusant; deuxièmement: les achats ne sont pas bons pour mon budget; Troisièmement: je combine les achats avec un dîner à l'extérieur; quatrièmement: j'essaie d'acheter le meilleur si je fais mes courses; cinquième: je ne considère pas les achats; sixième: je peux économiser beaucoup d'argent en comparant les prix des biens. Ces déclarations sont ensuite transférées comme suit:

- Variable de 1: faire du shopping, c'est amusant
- Variable de 2: le shopping n'est pas bon pour mon budget
- Variable de 3: je combine le shopping avec le dîner à l'extérieur
- Variable de 4: j'essaie d'acheter le meilleur si je fais les courses
- Variable de 5: je ne considère pas les achats
- Variable de 6: Je peux économiser beaucoup d'argent en comparant les prix des biens.

Les données sont les suivantes:

V1	V2	V3	V4	V5	V6
6	4	7	3	2	3
2	3	1	4	5	4
7	2	6	4	1	3
4	6	4	5	3	6
1	3	2	2	6	4
6	4	6	3	3	4
5	3	6	3	3	4
7	3	7	4	1	4
2	4	3	3	6	3
3	5	3	6	4	6
1	3	2	3	5	3
5	4	5	4	2	4
2	2	1	5	4	4
4	6	4	6	4	7
6	5	4	2	1	4
3	5	4	6	4	7
4	4	7	2	2	5
3	7	2	6	4	3
4	6	3	7	2	7
2	3	2	4	7	2

Pour résoudre le problème, nous pouvons utiliser les étapes suivantes:

Premièrement: définissez le problème comme suit

- Existe-t-il des différences significatives entre les trois grappes établies pour chaque groupe de 1 à 6?

Deuxièmement : Créer une conception de variable en utilisant la commande de la **vue variable.** Écrivez l'étiquette comme suit

1. First Label: faire du shopping, c'est amusant
2. Second Label: le shopping n'est pas bon pour mon budget
3. Troisième étiquette: je combine les achats avec un dîner à l'extérieur
4. Quatrième Label: J'essaie d'acheter le meilleur si je fais des courses
5. Cinquième étiquette: je ne considère pas les achats
6. Sixième étiquette: je peux économiser beaucoup d'argent en comparant les prix des marchandises

Troisièmement : entrer des données en utilisant la commande vue données

Quatrième: effectuer l'analyse comme suit

Premièrement: normaliser la valeur

- Effectuez la normalisation des données avec le score Z en **procédant comme** suit: **Analyser > Statistiques descriptives >,** puis sélectionnez **Desciptives.**
- Déplacer toutes les variables dans la colonne **Variables**
- Activer l'option **Enregistrer les valeurs normalisées en tant que variables**
- Cliquez **OK**

Le résultat est le suivant

Descriptive Statistics

	N	Minimum	Maximum	Mean	Std. Deviation
shopping is fun	20	1	7	3.85	1.899
shopping is not good for my budget	20	2	7	4.10	1.410
I combine shopping with dinner outside	20	1	7	3.95	2.012
I try to buy the best if I am shopping	20	2	7	4.10	1.518
I do not consider shopping	20	1	7	3.45	1.761
I can save a lot of money by way of comparing the prices of goods	20	2	7	4.35	1.496
Valid N (listwise)	20				

Cette sortie nous aidera à mener une analyse plus poussée. Reportez-vous à la vue des données, nous allons trouver 6 nouvelles variables avec le préfixe Z comme suit.

zv1	zv2	zv3	zv4	zv5	zv6
1.13191	-.07090	1.51556	-.72449	-.82320	-.90211
-.97397	-.77987	-1.46587	-.06586	.87997	-.23388
1.65838	-1.48885	1.01865	-.06586	-1.39092	-.90211
.07897	1.34705	.02485	.59276	-.25547	1.10258
-1.50044	-.77987	-.96896	-1.38312	1.44769	-.23388
1.13191	-.07090	1.01865	-.72449	-.25547	-.23388
.60544	-.77987	1.01865	-.72449	-.25547	-.23388
1.65838	-.77987	1.51556	-.06586	-1.39092	-.23388
-.97397	-.07090	-.47206	-.72449	1.44769	-.90211
-.44750	.63808	-.47206	1.25139	.31225	1.10258
-1.50044	-.77987	-.96896	-.72449	.87997	-.90211
.60544	-.07090	.52175	-.06586	-.82320	-.23388
-.97397	-1.48885	-1.46587	.59276	.31225	-.23388
.07897	1.34705	.02485	1.25139	.31225	1.77081
1.13191	.63808	.02485	-1.38312	-1.39092	-.23388
-.44750	.63808	.02485	1.25139	.31225	1.77081
.07897	-.07090	1.51556	-1.38312	-.82320	.43435
-.44750	2.05603	-.96896	1.25139	.31225	-.90211
.07897	1.34705	-.47206	1.91002	-.82320	1.77081
-.97397	-.77987	-.96896	-.06586	2.01541	-1.57034

Deuxièmement: effectuez une autre procédure d'analyse du climat comme suit:

- Sélectionnez le sous-menu **Analyser** > **Classer** >, puis choisissez le **cluster K Means.**

- Déplacez toutes les variables en utilisant le préfixe Z dans la colonne **Variables** . Puis spécifiez le nombre de grappes de 3 sur le **nombre de grappes**
- Sélectionnez Enregistre puis activez l'option: **Appartenance au cluster** et **distance du centre du cluster > continuer**
- Sélectionnez **Options** > cocher (v) **Centres du cluster initial** et **Table Anova > Continuer.**
- **D'accord**

La sortie est la suivante:

Initial Cluster Centers

	Cluster		
	1	2	3
Zscore: shopping is fun	.07897	-1.50044	1.65838
Zscore: shopping is not good for my budget	1.34705	-.77987	-1.48885
Zscore: I combine shopping with dinner outside	-.47206	-.96896	1.01865
Zscore: I try to buy the best if I am shopping	1.91002	-1.38312	-.06586
Zscore: I do not consider shopping	-.82320	1.44769	-1.39092
Zscore: I can save a lot of money by way of comparing the prices of goods	1.77081	-.23388	-.90211

La sortie ci-dessus est le premier processus d'analyse des données. Le centre de cluster initial est le cluster brut. Nous n'utiliserons pas cela pour une analyse plus approfondie

Iteration History[a]

Iteration	Change in Cluster Centers		
	1	2	3
1	1.310	1.177	1.637
2	.000	.000	.000

une. La convergence est atteinte grâce à peu ou pas de changement dans les centres de grappes. Le changement de coordonnées absolues maximum pour n'importe quel centre est .000. L'itération actuelle est 2. La distance minimale entre les centres initiaux est 4.912.

L'historique des itérations est le processus dans lequel le cluster initial a été traité pour obtenir un résultat plus précis, appelé centre de cluster final.

Final Cluster Centers

	Cluster		
	1	2	3
Zscore: shopping is fun	-.18426	-1.14946	1.00029
Zscore: shopping is not good for my budget	1.22889	-.77987	-.33676
Zscore: I combine shopping with dinner outside	-.30642	-1.05178	1.01865
Zscore: I try to buy the best if I am shopping	1.25139	-.39518	-.64216
Zscore: I do not consider shopping	.02839	1.16383	-.89416
Zscore: I can save a lot of money by way of comparing the prices of goods	1.10258	-.67937	-.31741

La sortie ci-dessus est le processus final de regroupement effectué par IBM SPSS. Les chiffres ci-dessus seront utilisés pour l'interprétation. Pour interpréter ces chiffres, les dispositions sont les suivantes

- Si le résultat du calcul est négatif, cela signifie que la grappe se situe sous la moyenne de la population.
- Si le résultat du calcul est positif, cela signifie que la grappe se situe au-dessus de la moyenne de la population.

Interprétation pour la variable de 1 (shopping is fun) groupe de 1, la valeur Z est: -0,18426 utilisez la formule suivante pour interpréter cette valeur:

$$\mathbf{X = \mu + z.\sigma}$$

Où

X = moyenne de l'échantillon

μ = moyenne de la population (les valeurs sont extraites de la statistique descriptive)

σ = écart type (les valeurs sont extraites de la statistique descriptive) z = la valeur standardisée (les valeurs proviennent des centres de cluster finaux)

Le calcul devient comme suit

3.85 – (0.18426 x 1.899) = 3.50009

Cluster of 2
La valeur Z est - 1.14946

Le calcul devient comme suit

3,85 - (1,14466 x 1,899) = 1,667175

Cluster of 2
La valeur Z est 1.00029

Le calcul devient comme suit

3,85 + (1,00029 x 1,899) = 5,7405481

L'interprétation des calculs est la suivante:

Dans une variable de 1 indiquant que «faire du shopping, c'est amusant», il y a trois groupes: le groupe 1 est égal à 3,5001, ce qui est inférieur à la moyenne de la population de 3,85; le groupe 2 se situe à 1,6672 ou au-dessous de la moyenne de population de 3,85 ainsi qu'au-dessous du deuxième groupe et le groupe 3 à 5,7495 ou au-dessus de la moyenne de la population de 3,85.

- o Le groupe 1 (3.50009) est un groupe de personnes sous-peuplées, ce qui signifie que faire du shopping est un plaisir. En d'autres termes, ce groupe est le groupe de personnes qui pensent que faire du shopping n'est pas amusant
- o Le groupe 2 (1.667175) est un groupe de personnes moins peuplées, ce qui signifie que faire du shopping est amusant et que le deuxième groupe indique que faire du shopping est moins que amusant. En d'autres termes, ce groupe est le groupe de personnes qui n'aiment pas faire du shopping
- o Le groupe 3 (5.7405481) est le groupe de répondants dont la population est supérieure à la moyenne, affirmant que les achats sont amusants. En d'autres termes, ce groupe est le groupe de personnes qui disent que faire du shopping est plus qu'un plaisir

Afin de tester la signification des différences entre les grappes, nous pouvons utiliser les valeurs de F et son niveau de signification dans la sortie Anova ci-dessous.

ANOVA

	Cluster		Error		F	Sig.
	Mean Square	df	Mean Square	df		
Zscore: shopping is fun	8.068	2	.168	17	47.888	.000
Zscore: shopping is not good for my budget	6.809	2	.317	17	21.505	.000
Zscore: I combine shopping with dinner outside	7.751	2	.206	17	37.670	.000
Zscore: I try to buy the best if I am shopping	6.816	2	.316	17	21.585	.000
Zscore: I do not consider shopping	7.264	2	.263	17	27.614	.000
Zscore: I can save a lot of money by way of comparing the prices of goods	5.435	2	.478	17	11.363	.001

The F tests should be used only for descriptive purposes because the clusters have been chosen to maximize the differences among cases in different clusters. The observed significance levels are not corrected for this and thus cannot be interpreted as tests of the hypothesis that the cluster means are equal.

Le niveau de signification de la première variable (shopping is fun) est 0,000 <0,05. Ainsi, les différences entre les trois groupes sont significatives. Nous pouvons faire des tests d'hypothèses comme suit.

H0 = les trois clusters n'ont pas de différences significatives
H1 = les trois groupes ont des différences significatives

Utilisez les critères suivants

- Si la valeur de signification> 0,05, acceptez H0 et rejetez H1.
- Si la valeur de signification <0,05, rejetez H0 et acceptez H1.

La valeur de signification est 0,000 <0,05; rejetez donc H0 et acceptez H1. Cela signifie que les trois groupes ont des différences significatives. L'interprétation du reste est la même.

10.3 Résumé

La procédure d'analyse par grappes aboutira à des grappes dérivées d'une population à l'origine des grappes. Les membres des clusters sont homogènes dans un cluster mais sont très différents entre les groupes de clusters.

10.4 Les concepts de base

- Standardisation de la valeur
- Grappe
- Histoire d'itération

10.5 exercices

Analysez les 7 variables suivantes: âge, revenu, propriété du logement, possession d'une voiture, nombre d'enfants, possession d'une motocyclette, propriété d'un téléviseur et possession d'un téléphone cellulaire, à l'aide de la procédure d'analyse en grappes.

âge	le revenu	maison	voiture	les enfants	moto	la télé	cp
40	3000000	3	4	2	3	3	2
42	2000000	2	3	2	3	3	2
50	2500000	2	2	2	3	3	1
52	2650000	1	2	3	2	2	2
49	1900000	3	3	3	2	2	2
60	2100000	2	2	5	3	2	1
55	2850000	1	3	5	2	3	1
43	1900000	1	2	4	1	2	2
48	2040000	2	2	4	2	2	1
53	2300000	2	3	2	3	1	2
56	3100000	3	2	1	2	1	1
44	2500000	2	2	1	2	2	2
45	2800000	1	3	2	1	2	2
55	1950000	1	1	2	2	1	1

CHAPITRE XI

PROCÉDURE DE MISE À L'ÉCHELLE MULTIDIMENSIONNELLE

Dans cette section, nous allons apprendre à utiliser la procédure de mise à l'échelle multidimensionnelle. Cette procédure comprendra les éléments suivants:

- Comprendre les termes de base utilisés dans la procédure de mise à l'échelle multidimensionnelle
- Appliquer une analyse d'échelle multidimensionnelle à l'analyse de données
- Interpréter les résultats d'analyse

11.1 Conditions de base

- **Analyse de correspondance** : approche compositionnelle de la perception de la perception basée sur la catégorie d'un tableau de contingence.
- **Dimensions** : caractéristiques d'un objet. Un objet particulier a certes les dimensions considérées subjectivement, telles que les dimensions coûteuses, fragiles, lourdes et objectives, telles que la couleur, le prix et les caractéristiques inhérentes.
- **Objet** : tout stimulus pouvant être comparé et évalué par les répondants, y compris les entités pouvant être touchées (matérielles), par exemple, un produit ou un objet physique; des actions telles que des services; perception sensorielle, telle que l'odorat, le goût et la vue; en plus d'inclure également la pensée, par exemple, des idées et des slogans.
- **Dimension objective** : caractéristiques physiques des dimensions ou pouvant être touchées qui présente la comparaison objective de base. Comme exemple de produit qui a la taille, la forme, la couleur, le poids, etc.
- **Dimension vue** : la vue des répondants qui est subjective à un objet qui représente les caractéristiques non physiques / ne peut pas être touchée. Comme exemple d'un produit qui a la qualité / cher / regarde bien et ainsi de suite.
- **Préférences** : l'intimé évalue un objet par rapport à la relation dominante, c'est-à-dire aux stimuli disposés en fonction de ses préférences en ce qui concerne cette propriété particulière.
- **Distance euclidienne** : mesure de deux objets en utilisant la longueur de la ligne droite tracée entre ces deux objets représentée par une image.

11.2 échantillon de cas

Dans ce cas, nous allons créer une distance de données mises à l'échelle par intervalles à l'aide de données extraites de IBM SPSS et modifiées par l'auteur aux fins de discussion de cet exemple. Nous comparerons les caractéristiques de deux voitures de marques différentes, à savoir Honda et Suzuki. En ce qui concerne les caractéristiques qui seront distinguées est l'utilisation de carburant (mpg), le moteur (moteur), la puissance (cheval), le poids (poids), la vitesse (accéléré). En utilisant les données ci-dessous, nous créerons la distance pour voir la similitude des deux voitures en fonction des caractéristiques que nous avons définies.

Pour effectuer l'analyse, nous devons examiner les points suivants.

- Les données doivent être métriques et l'échelle d'intervalle en utilisant la distance euclidienne
- Dimensions faites est 2 pour minimum et 2 pour maximum.

Les données sont les suivantes

Mpg	engine	Horse	weight	Accel	mpg2	engine2	horse2	weight2	accel2
18	307	130	3504	12	17	305	127	3502	11
15	350	165	3693	12	15	340	165	3690	12
18	318	150	3436	11	16	317	142	3430	11
16	304	150	3433	12	16	302	150	3430	12
17	302	140	3449	11	15	302	138	3449	10
15	429	198	4341	10	15	425	198	4339	10
14	454	220	4354	9	13	454	218	4354	10
14	440	215	4312	9	14	415	215	4310	9
14	455	225	4425	10	11	455	223	4425	11
15	390	190	3850	9	15	380	190	3845	9
15	133	115	3090	18	12	133	112	3090	17
14	350	165	4142	12	14	345	165	4140	12
15	351	153	4034	11	14	351	150	4034	10
14	383	175	4166	11	14	381	175	4162	11
13	360	175	3850	11	12	360	173	3850	10
15	383	170	3563	10	15	380	170	3560	10
14	340	160	3609	8	13	340	158	3609	9
15	302	140	3353	8	15	300	140	3350	8
15	400	150	3761	10	12	400	148	3761	9
14	455	225	3086	10	14	450	225	3084	10
24	113	95	2372	15	22	113	97	2372	14
22	198	95	2833	16	22	196	95	2830	16
18	199	97	2774	16	17	199	95	2774	15
21	200	85	2587	16	21	118	85	2586	16
27	97	88	2130	15	25	97	89	2130	14
26	97	46	1835	21	26	99	50	1833	21
25	110	87	2672	18	23	110	87	2672	17
24	107	90	2430	15	24	105	88	2428	15
25	104	95	2375	18	22	104	95	2375	17
26	121	113	2234	13	26	119	110	2232	13
21	199	90	2648	15	22	199	90	2648	14
10	360	215	4615	14	10	355	214	4612	14
10	307	200	4376	15	11	307	198	4376	14
11	318	210	4382	14	11	316	212	4380	14
9	4	93	732	9	10	4	93	732	10
27	97	88	2130	15	27	98	100	2128	15
28	140	90	2264	16	25	140	90	2264	15
25	113	95	2228	14	25	110	96	2226	14
25	98	90	2046	19	23	98	90	2046	18
20	97	48	1978	20	20	100	50	1976	20
19	232	100	2634	13	18	232	100	2634	11
16	225	105	3439	16	16	222	102	3435	16
17	250	100	3329	16	16	250	100	3329	15
19	250	88	3302	16	19	248	89	3300	16
18	232	100	3288	16	16	232	100	3288	15
14	350	165	4209	12	14	352	160	4207	12
14	400	175	4464	12	12	400	175	4464	11
14	351	153	4154	14	14	350	150	4150	14
14	318	150	4096	13	13	318	150	4096	12
12	383	180	4955	12	12	380	178	4950	12

Les problèmes ci-dessus peuvent être résolus en procédant comme suit:
Premièrement : formulez le problème comme suit

- Existe-t-il des similitudes dans les caractéristiques de la voiture entre Honda et Suzuki?
- Dans l'affirmative, quelle est la similarité pour chacune de ces caractéristiques?

Seconde: créer un design variable

Pour créer une conception de variable, sélectionnez la vue variable. Le design est comme suit

Troisième : entrez les données

Pour insérer des données, sélectionnez la commande **Vue de données** , puis entrez des données.

Quatrième : analyser en utilisant les étapes suivantes

- **Analyser > Échelle > Mise à l'échelle multidimensionnelle (ALSCAL)**
- Déplacer toute la variable vers la colonne de **variables**
- Dans la section Vérification des **distances** (v) **Créer des distances des données,** puis cliquez sur **Mesurer.** Sur le choix de l' **intervalle de** vérification de la **mesure** , sélectionnez la **distance euclidienne** , puis cliquez sur **Continuer.**
- **Modèle:** sélectionnez **le niveau de mesure: intervalles;** Le modèle de mise à l'échelle sélectionne la **distance euclidienne** ; Sélectionnez une **matrice** sur la **conditionnalité;** Dimensions pour un **minimum,** entrez 2 et **maximum,** entrez 2. Ensuite, appuyez sur **Continuer.**
- **Options** : sélectionnez la **matrice de données,** puis appuyez sur **Continuer.**
- Cliquez sur **OK**

Les résultats sont les suivants:

Case Processing Summary[a]

Cases					
Valid		Missing		Total	
N	Percent	N	Percent	N	Percent
50	100.0%	0	0.0%	50	100.0%

une. Distance euclidienne utilisée

Le récapitulatif de traitement des cas indique le nombre de cas analysés, jusqu'à 50.

Pour voir la similitude des caractéristiques, nous pouvons utiliser la sortie suivante:

Raw (unscaled) Data for Subject 1

	1	2	3	4	5	6	7	8	9	10
1	.000									
2	1964.358	.000								
3	919.174	1079.366	.000							
4	24079.951	22183.405	23186.666	.000						
5	41.461	1986.934	942.644	24105.227	.000					
6	9.434	1968.757	923.615	24084.901	37.283	.000				
7	1942.482	87.932	1058.447	22206.629	1964.912	1946.929	.000			
8	913.504	1086.052	18.947	23192.144	937.129	917.922	1065.214	.000		
9	24068.920	22172.391	23175.635	15.652	24094.194	24073.871	22195.611	23181.113	.000	
10	43.635	1988.633	944.306	24107.401	5.196	38.974	1966.629	938.790	24096.369	.000

Iteration history for the 2 dimensional solution (in squared distances)

Young's S-stress formula 1 is used.

Iteration	S-stress	Improvement
1	.00003	

Iterations stopped because
S-stress is less than .005000

Stress and squared correlation (RSQ) in distances

RSQ values are the proportion of variance of the scaled data (disparities)
in the partition (row, matrix, or entire data) which
is accounted for by their corresponding distances.
Stress values are Kruskal's stress formula 1.

For matrix
Stress = .00077 RSQ = 1.00000

Configuration derived in 2 dimensions

Stimulus Coordinates

Dimension

Stimulus Stimulus 1 2

```
Number   Name

  1    mpg        .8086  -.0228
  2    engine     .5223   .0507
  3    horse      .6740  -.0026
  4    weight   -2.8208  -.0039
  5    accel      .8124  -.0216
  6    mpg2       .8093  -.0226
  7    engine2    .5258   .0511
  8    horse2     .6748  -.0032
  9    weight2  -2.8191  -.0040
 10    accel2     .8127  -.0213
```

Ce numéro a la signification suivante:

- Si nous comparons la dimension de 1 sur caractéristique de l'utilisation de carburant (mpg), alors pour la voiture Honda est jusqu'à 0,8085 et pour Suzuki est de 0,8093. La différence est de -0,0008
- Si nous comparons la dimension de 1 sur les caractéristiques de la machine (moteur), elle atteint 0,5223 pour la voiture Honda et 0,5258 pour la Suzuki. La différence est de -0,0035
- Si nous comparons les dimensions de 1 sur la caractéristique d'utilisation de l'énergie (cheval), alors pour la voiture Honda est 0,6739 et pour Suzuki est 0,6747. La différence est de -0,0008
- Si nous comparons la dimension de 1 sur la caractéristique de poids, alors pour la voiture Honda, elle atteint -2,8208 et pour Suzuki, 2,8191. La différence est 0.0017
- Si nous comparons les dimensions de 1 sur les caractéristiques d'utilisation de la vitesse (accélération), la voiture Honda est à 0,8126 et la Suzuki à 0,8129. La différence est de -0,0003

Nous pouvons voir ces valeurs dans le tableau ci-dessous.

	Honda	Suzuki	Honda	Suzuki	Honda	Suzuki	Honda	Suzuki	Honda	Suzuki
	Mpg	mpg2	engine	engine2	horse	horse2	weight	weight2	accel	accel2
1	0,8085	0,8093	0,5223	0,5258	0,6739	0,6747	-2,8208	-2,8191	0,8126	0,8129
2	-0,0228	-0,0226	0,0507	0,0511	-0,0026	-0,0032	-0,0039	-0,0040	-0,0215	-0,0213

Pour voir les différences dans la sortie est classée comme petite ou grande, nous pouvons utiliser les critères de la différence de taille dont la plage est comprise entre 0 et 1. Lorsque nous voyons toutes les différences dans la sortie ci-dessus, toutes les valeurs sont fermées à 0. Ainsi, les caractéristiques que nous avons comparées présentent de petites différences. En conclusion, les deux voitures présentent des similitudes dans la première dimension. Pour interpréter les dimensions suivantes, nous pouvons utiliser les mêmes méthodes

11.3 Résumé

L'analyse d'échelle multidimensionnelle génère des similitudes entre les deux marques de voitures, à savoir Honda et Suzuki, en fonction de plusieurs attributs comparés. Dans ce cas, les similitudes des attributs sont les suivantes: utilisation de carburant, machines, énergie, poids et vitesse de la voiture.

11.4 Les concepts de base

- Distance euclidienne
- Dimensions
- Stimulus
- Différence de taille

11.5 Les exerices

Effectuer une analyse de la mise à l'échelle multidimensionnelle pour les données ci-dessous: Nous rechercherons des similitudes entre les deux caractéristiques des produits moto, à savoir Honda et Yamaha sur: le moteur, la puissance et la vitesse.

moteur	puissance	la vitesse	moteur2	power2	vitesse2
305	130	13	305	126	11
351	165	12	340	165	12
317	150	12	317	143	11
303	150	12	302	151	12
303	140	13	302	138	dix
429	198	12	425	198	dix
454	220	dix	454	218	dix
441	215	9	415	217	9
455	225	11	455	224	11
390	190	9	380	191	9
135	115	16	133	112	17
350	165	12	345	165	12
353	153	13	351	152	dix
383	175	11	381	175	11
361	175	14	360	174	dix
383	170	dix	380	171	dix
341	160	9	340	158	9
303	140	8	300	141	8
401	150	12	400	148	9
455	225	13	450	226	dix
114	95	14	113	99	14

198	95	16	196	98	16
199	97	17	199	99	15
201	85	16	118	85	16
100	88	16	97	89	14
99	46	22	99	58	21
110	87	18	110	87	17
107	90	16	105	89	15
103	95	18	104	95	17
122	113	14	119	111	13
199	90	12	199	92	14
361	215	14	355	214	14
307	200	15	307	198	14
318	210	16	316	213	14
80	93	dix	48	99	dix
97	88	13	98	102	15
140	90	15	140	91	15
113	95	13	110	96	14
99	90	19	98	91	18
97	48	22	100	59	20
233	100	14	232	102	11
225	105	16	222	102	16
251	100	17	250	101	15
250	88	16	248	89	16
234	100	18	232	101	15
351	165	14	352	160	12
401	175	13	400	175	11
352	153	14	350	151	14
317	150	15	318	152	12
382	180	15	380	178	12

CHAPITRE XII

PROCÉDURE D'ANALYSE DE FACTEUR

Dans cette section, nous allons apprendre à utiliser la procédure d'analyse factorielle. Cette procédure comprendra les éléments suivants:

- Comprendre les termes de base utilisés dans la procédure d'analyse factorielle
- Appliquer la procédure d'analyse factorielle à l'analyse de données
- Interpréter les résultats d'analyse

12.1 Termes de base

- **Facteurs:** une combinaison linéaire (variable) des variables d'origine. Les facteurs représentent également des dimensions (constructions impliquées) qui sont un résumé d'un ensemble de variables d'origine
- **Indicateur:** une seule variable utilisée conjointement avec une ou plusieurs autres variables pour former une mesure combinée.
- **Charges factorielles:** corrélation entre les variables et facteurs d'origine et est la clé pour comprendre la nature d'un facteur particulier.
- **Matrice de corrélation anti-image:** matrice de corrélations partielles entre plusieurs variables après l'analyse des facteurs représentant certains niveaux où les facteurs s'expliquent entre eux.
- **Test de sphéricité de Barlett:** test des statistiques de signification globale pour toutes les corrélations de la matrice de corrélation.
- **La matrice de corrélation** : un tableau montrant la corrélation entre les variables
- **Mesure de la suffisance de l'échantillonnage (MSA):** abréviation de Mesure de la suffisance de l'échantillonnage (voir KMO pour plus d'explications)

- **Analyse en composantes:** modèle factoriel où les facteurs sont basés sur le total de la variance.

- **La matrice de facteurs** : un tableau qui affiche les chargements de facteurs toutes les variables sur chaque facteur

- **Alpha de Cronbach:** mesure de la validité dont l'intervalle est compris entre 0 et 1 et la valeur comprise entre 0,6 et 0,7, ce qui correspond à la limite inférieure d'acceptation.

- **Analyse factorielle Q:** forme des groupes de répondants ou de cas sur la base de similitudes dans un ensemble de caractéristiques.

- **Analyse du facteur R:** analyser la relation des variables pour identifier des groupes de variables constituant les dimensions latentes

- **Rotation factorielle:** le processus de manipulation ou d'ajustement des axes factoriels pour obtenir une solution factorielle plus simple

- **KMO:** abréviation de Kaiser - Meyer - Olkin. Mesure de la suffisance de l 'échantillonnage (MSA). La valeur de KMO peut être calculée pour une ou plusieurs variables. Cette valeur représente le rapport de corrélation au carré entre les variables avec la corrélation partielle au carré entre les variables concernées. La valeur va de 0 à 1. La valeur de 0 fait référence à la quantité de corrélation partielle relativement forte vers la quantité de corrélation dans plusieurs variables montrant la diffusion dans les modèles de corrélation. La valeur de fermeture à 1 indique un modèle de corrélation relativement solide, de sorte que l'analyse factorielle devient et devient des facteurs fiables. La valeur de 0,5 à 0,7 est moyenne; les valeurs de 0,7 et 0,8 sont bonnes; les valeurs de 0,8 et 0,9 sont excellentes et la valeur supérieure à 0,9 est parfaite. Pour pouvoir effectuer des analyses plus approfondies, la valeur de KMO doit être supérieure à 0,5.
- **Test de sphéricité de Barlett:** test d'hypothèse de sphéricité. Le test examine si les matrices de variance et de covariance sont proportionnelles aux matrices d'identité. En conclusion, cet essai vérifiera l'égalité et l'inégalité des éléments diagonaux de la matrice de variance et de covariance. En d'autres termes, la variance entre les groupes est égale ou non égale. Dans le cas de l'inégalité des éléments non diagonaux, la valeur est fermée à 0, ce qui signifie que toutes les variables dépendantes n'ont aucune corrélation les unes avec les autres.
- **Sphéricité:** semblable à *«Symétrie composée», en* supposant que les variances des différences entre les données recueillies auprès des mandataires sont égales.

12.2 Échantillon de Cas

L'exemple de l'affaire est extrait du fichier IBM SPSS, à savoir bankloan_cs.sav. Il y a 11 facteurs qui devraient affecter la variable de Par défaut. Ces 11 variables sont: 1) Succursale, 2) Nombre de clients, 3) Identifiant du client, 4) Âge en années, 5) Niveau d'études, 6) Années avec l'employeur actuel, 7) Années à l'adresse actuelle, 8) Revenu du ménage en milliers, 9) Ratio dettes / revenus (x100), 10) Dettes de cartes de crédit en milliers et 11) Autres dettes en milliers. En effectuant l' analyse factorielle, nous saurons si tous ces facteurs affectent réellement la variable Précédemment par défaut.

Pour résoudre le problème, procédez comme suit.

Premièrement: effectuer l'analyse comme suit

- **Analyser > Réduction de la dimension > Facteur**
- Déplacer les 11 facteurs dans la colonne **Variables**
- Sélectionnez **les descriptifs**
- Sur la **matrice de corrélation:** activez l'option du **test de sphéricité** de **KMO et Bartletts** et de **l'image,** puis cliquez sur **Continuer.**
- **D'accord**

Les résultats et l'interprétation sont les suivants.

KMO and Bartlett's Test

Kaiser-Meyer-Olkin Measure of Sampling Adequacy.		,670
Bartlett's Test of Sphericity	Approx. Chi-Square	22375,908
	Df	55
	Sig.	,000

The KMO and Barlett's Test output tells about the value of KMO as much as 0.670 Les résultats de KMO et de Test de Barlett indiquent que la valeur de KMO peut aller jusqu'à 0,670, ce qui est supérieur à 0,5. Ainsi, les données sont fiables pour être analysées.

La disposition ci-dessus est basée sur les critères suivants:
- o Si signification < 0,05, l'analyse peut être poursuivie
- o Si signification > 0,05, l'analyse ne peut pas être poursuivie

Puisque la valeur de signification est 0,000, l'analyse peut être poursuivie.

L'ampleur du MSA est comprise entre 0 et 1, les facteurs peuvent être fusionnés avec les dispositions suivantes:

- o Si MSA = 1 alors la variable peut être prédite sans erreur
- o Si MSA ≥ 0,5, les variables sont toujours prévisibles et peuvent être analysées plus en détail.
- o Si MSA < 0,5, les variables ne sont pas prévisibles et ne peuvent pas être analysées plus avant, de sorte qu'elles doivent être supprimées

Anti-image Correlation	Branch	,490[a]	,348	-1,000	,016	-,009	-,024	-,023	,052	,001	-,067	,002
	Number of customers	,348	,390[a]	-,346	,024	-,010	,000	-,018	,033	,042	-,065	-,035
	Customer ID	-1,000	-,346	,490[a]	-,016	,009	,024	,022	-,052	-,001	,067	-,001
	Age in years	,016	,024	-,016	,709[a]	-,057	-,310	-,828	-,010	-,038	,011	,011
	Level of education	-,009	-,010	,009	-,057	,281[a]	,333	-,013	-,216	,046	-,020	-,071
	Years with current employer	-,024	,000	,024	-,310	,333	,850[a]	-,047	-,312	,088	-,075	-,124
	Years at current address	-,023	-,018	,022	-,828	-,013	-,047	,722[a]	,013	,045	-,022	-,017
	Household income in thousands	,052	,033	-,052	-,010	-,216	-,312	,013	,724[a]	,432	-,272	-,432
	Debt to income ratio (x100)	,001	,042	-,001	-,038	,046	,088	,045	,432	,428[a]	-,321	-,500
	Credit card debt in thousands	-,067	-,065	,067	,011	-,020	-,075	-,022	-,272	-,321	,844[a]	-,253
	Other debt in thousands	,002	-,035	-,001	,011	-,071	-,124	-,017	-,432	-,500	-,253	,758[a]

La sortie ci-dessus est la partie partielle des matrices anti-image. À des fins d'analyse, le rédacteur ne prend que la partie principale, à savoir la sortie de la corrélation Anti-image. Dans cette sortie, les valeurs de MSA pour chaque facteur sont les suivantes. Les valeurs de MSA sont identifiées avec la lettre «a» par SPSS.

	Les facteurs	Valeurs MSA
1	Branche	0,490
2	Nombre de clients	0,390
3	N ° de client	0,490
4	Age en années	0,709
5	Niveau d'éducation	0,281
6	Années chez l'employeur actuel	0,850
7	Années à l'adresse actuelle	0,722
8	Revenu du ménage en milliers	0,724
9	Ratio d'endettement sur le revenu (x100)	0,428
10	Dette de carte de crédit en milliers	0,844
11	Autre dette en milliers	0,758

Sur la base des dispositions applicables, les variables (facteurs) qui peuvent être analysées sont des variables de

- o L'âge en années avec MSA atteint 0,709
- o Années avec un employeur actuel avec des valeurs MSA allant jusqu'à 0,850

- Années à l'adresse actuelle avec des valeurs MSA allant jusqu'à 0,722
- Le revenu du ménage en milliers avec MSA vaut jusqu'à 0.724
- La dette de carte de crédit en milliers avec MSA vaut autant que 0.844
- Les autres dettes en milliers avec MSA valent jusqu'à 0,758

La deuxième analyse est effectuée en recalculant uniquement les facteurs qui répondent aux critères. Il n'y a que six facteurs possibles à analyser dans le prochain calcul.

- **Analyser > Réduction de la dimension > Facteur**
- Déplacer les variables Âge en années, Années avec l'employeur actuel, Années à l'adresse actuelle, Revenu du ménage en milliers, Dette sur carte de crédit en milliers et Autre dette en milliers dans la colonne **Variables**
- Sélectionnez **les descriptifs**
- Sur la **matrice de corrélation:** activez l'option du **test de sphéricité** de **KMO et Bartletts** et de **l'image,** puis cliquez sur **Continuer.**
- **D'accord**

Les résultats et l'interprétation sont les suivants

KMO and Bartlett's Test

Kaiser-Meyer-Olkin Measure of Sampling Adequacy.		.792
Bartlett's Test of Sphericity	Approx. Chi-Square	6486.240
	Df	15
	Sig.	.000

La valeur de KMO passe de 0,670 dans le premier calcul à 0,792 et est significative.

Anti-image Correlation	Age in years	.710[a]	-.309	-.830	-.008	.001	-.013
	Years with current employer	-.309	.897[a]	-.049	-.332	-.052	-.079
	Years at current address	-.830	-.049	.722[a]	-.011	-.011	.006
	Household income in thousands	-.008	-.332	-.011	.871[a]	-.160	-.303
	Credit card debt in thousands	.001	-.052	-.011	-.160	.810[a]	-.506
	Other debt in thousands	-.013	-.079	.006	-.303	-.506	.797[a]

Dans cette seconde sortie, les valeurs de MSA pour chaque facteur sont les suivantes. Les valeurs de MSA sont identifiées avec la lettre «a» par SPSS.

	Les facteurs	Valeurs MSA
1	Age en années	0,710
2	Années chez l'employeur actuel	0,897
3	Années à l'adresse actuelle	0,722
4	Revenu dû ménage en milliers	0,871
5	Dette de carte de crédit en milliers	0,810
6	Autre dette en milliers	0,797

La conclusion est qu'il n'y a en réalité que 6 facteurs significatifs sur 11 qui affectent la variable par défaut.

11.3 Résumé

L'analyse factorielle est utilisée pour réduire de nombreux facteurs en moins de facteurs supposés être un indicateur d'une certaine variable latente.

12.4 Concepts de base

- Réduction de la dimension
- MSA
- KMO
- Matrices anti-image

12.5 exercices

Appliquez l'analyse factorielle pour trouver les variables fiables pouvant être utilisées pour prédire la variable de performance des employés. Ces facteurs sont la carrière, le leadership, la motivation, les installations et les heures. Les données sont les suivantes.

carrière	direction	motivation	établissement	heures	performance des employés
6	7	8	3	7	8
6	8	8	3	7	8
9	9	9	3	7	9
8	9	9	4	7	8
7	8	9	4	7	9
8	7	10	4	7	8

9	8	8	4	9	9
10	9	8	4	9	10
10	8	8	5	8	9
9	7	7	5	6	7
6	7	7	5	6	7
6	7	7	5	6	7
6	7	8	6	6	6
5	8	8	6	6	5
5	8	6	6	6	8
5	8	6	6	5	7
5	8	6	3	5	7
6	7	5	3	5	7
6	7	5	3	6	8
7	7	5	5	6	9
7	7	6	5	6	7
7	7	6	5	5	6
6	8	4	4	5	6
6	8	3	4	5	6
6	8	6	5	5	7
8	6	6	7	5	7
8	6	6	8	6	8
5	6	5	9	6	9
5	5	5	5	7	9
5	5	5	6	7	8
6	5	8	6	7	8
6	4	8	6	7	9
6	4	7	6	8	9
5	4	7	5	6	8
5	3	7	6	9	10
5	3	7	7	5	7
5	5	7	7	6	8
4	5	6	7	5	7
4	4	6	7	6	9
4	5	6	6	7	8
4	6	5	6	6	8
5	4	5	6	5	8
5	5	7	6	6	7
8	6	7	6	6	8
8	5	8	6	6	9
7	4	8	6	6	9
7	6	8	6	6	9
7	6	7	6	8	8
7	5	7	5	7	8
8	5	7	5	5	8

Références

Anderson, Sweeny et William (2011). *Statistiques pour les affaires et l'économie* . Sud-Ouest: Apprentissage Cengage

Brown, James Dean. (1988). *Comprendre la recherche dans l'apprentissage d'une langue seconde* . Cambridge: Cambridge University Press

Cramer, D. et Howitt, D. (2006). *Le sage dictionnaire de statistiques* . Londres: Sage Publication.

Davis, Duane dan Conseza Robert. (1985). *Recherche commerciale pour la prise de décision* . Californie: Wadsworth Inc

Field, A. (2005). *Découverte de statistiques à l'aide de SPSS (* 2e éd.). Londres: Sage Publication.

Hair, JF, noir, WC, Babin, BJ, et Anderson, RE (2010). *Analyse de données multivariée: une perspective globale* (7 e éd.). New Jersey: Pearson Prentice Hall.

Hardle, K, W et Simar, L. (2015), *Analyse statistique multivariée appliquée* . Londres: Springer

Johnson, RA et Wichern, DW (2002). *Analyse statistique multivariée appliquée* . New Jersey: Prentice Hall.

Warner, RM (2007). *Statistiques appliquées: des techniques bivariées aux techniques multivariées* . Californie: Sage Publication

Régression logistique . (Dakota du Nord). Extrait de http://www.themeasurementgroup.com .

Distance de Mahalanobis . (Dakota du Nord). extrait de http://en.wikipedia.org/wiki/

Logistic regression. (Dakota du Nord). Retrieved from http://www.themeasurementgroup.com.

Mahalanobis distance. (Dakota du Nord). retrieved from http://en.wikipedia.org/wiki/

A PROPOS DE L'AUTEUR

Jonathan Sarwono est actuellement directeur de l'assurance qualité à l'Université internationale des femmes de Bandung, en Indonésie. Il est également conférencier dans certaines universités à Bandung et à Jakarta, ainsi que formateur en statistiques dans plusieurs entreprises à Jakarta. Jusqu'à présent, 50 ouvrages ont été écrits sur les statistiques sous IBM SPSS, EVIEWS, LISREL, SmartPLS, AMOS et STATA. Parallèlement, il écrit plusieurs livres sur la méthodologie de recherche et les technologies de l'information. Les livres ont été publiés dans le pays et à l'étranger ainsi que vendus à l'étranger. Il peut être contacté via son site Web, **http://www.jonathansarwono.info** ou par courrier électronique, jsarwono007@gmail.com.

www.ingramcontent.com/pod-product-compliance
Lightning Source LLC
Chambersburg PA
CBHW031427210526
45464CB00005B/2090

* 9 7 8 1 7 3 1 5 4 4 0 1 8 *